AF452696

S
303.

LA FLORE DE LA CREUSE

ESSAI

D'UNE

GÉOGRAPHIE BOTANIQUE

DU DÉPARTEMENT

Par GABRIEL MARTIN

Membre de la *Société Française de Botanique* et de la *Société des Sciences naturelles et archéologiques de la Creuse.*

8° S
8303

GUÉRET

Imprimerie-Librairie P. AMIAULT, 3, Rue du Marché

1891

LA FLORE DE LA CREUSE [1]

L'exploration scientifique d'une contrée demande, avec de longues années, le concours de nombreux ouvriers. Ceux qui l'entreprennent les premiers facilitent singulièrement la tâche de leurs successeurs, et il est bien juste que leurs travaux ne soient pas laissés dans l'oubli. Les détails que l'on va lire sur les botanistes creusois et sur les recherches auxquelles ils se sont livrés sont sans doute bien incomplets ; ils peuvent cependant donner une idée du travail qui s'est fait depuis plus d'un demi-siècle dans ce pays. On verra que si certaines parties du département ont été imparfaitement explorées, l'ensemble cependant est connu d'une façon suffisante pour permettre d'affirmer que les découvertes à faire, quelque soit leur importance, ne sauraient modifier l'aspect général de la flore, telle qu'elle nous est connue aujourd'hui. Il est même possible, grâce aux nombreuses localités indiquées avec précision par la plupart des explorateurs, d'essayer dès à présent une esquisse de la géographie botanique de cette contrée.

I

LES BOTANISTES MARCHOIS

L'étude des plantes, dans notre province, date de plus loin qu'on ne serait tenté de le croire. Dès le commencement du dix-septième siècle, Pierre Robert, lieutenant-général de la sénéchaussée du

---

(1) Ces pages sont extraites en partie de la préface d'une *Flore de la Creuse*, en préparation depuis longtemps. Plusieurs familles sont déjà prêtes, et l'ouvrage complet pourra sans doute être publié dans le courant de l'année 1892.

Dorat, s'est occupé de l'histoire naturelle du pays qui est aujourd'hui
le département de la Creuse. Les Robert, originaires d'Orléans, étaient
fixés depuis plusieurs siècles à Glénic, près Guéret, et bien que ses
fonctions tinssent celui-ci éloigné de la Haute-Marche, ses nombreux
écrits montrent qu'il avait conservé une vive prédilection pour la
seconde patrie de sa famille. Lors d'un voyage qu'il fit à Guéret en
1620, Pierre Robert parvint à se procurer, par l'entremise d'un
certain M. Valence, quelques données sur le pays, notamment un
mémoire sur les principales rivières qui l'arrosent et sur « les
principales plantes qui croissent dans la province » (1). Ce mémoire
se trouvait encore, quelques années avant la Révolution, au château
de Villemartin, près de Dinsac, non loin du Dorat, qui appartenait
à Madame de la Guéronnière, héritière en partie de la famille Robert.
Des ouvrages de Pierre Robert, la plus grande partie a été détruite,
le reste dispersé. Notre manuscrit est sans doute à jamais perdu.
Pour comble de malheur, Buc'hoz qui a imprimé dans son
Dictionnaire des plantes de France, publié en 1771, les listes des
plantes qu'on lui avait communiquées pour les provinces voisines
de la nôtre, notamment pour le Berry, n'a pas eu connaissance
du mémoire relatif à la Marche. Si donc nous citons Pierre Robert
comme le premier en date des botanistes marchois, c'est uniquement parce qu'il est intéressant de rappeler qu'à une époque où
bien peu de savants avaient songé à faire pour leur pays un travail
analogue, cette province possédait déjà un répertoire de ses principales richesses végétales.

Il faut franchir un espace de près de deux siècles pour trouver un
nouveau fait à signaler. Au commencement du siècle où nous
sommes, en 1811, Bastard, directeur du Jardin des plantes d'Angers,
voulut explorer les Monts-Dôme et le Mont-Dore en compagnie de
Pyrame de Candolle et de Ramond, de l'Institut, alors préfet du

(1) La *Bibliotheca botanica* de *Albertus von Haller* (Tiguri, 1772) le
mentionne sous le titre suivant : « Ms. *Mémoire sur les principales
plantes qui croissent dans la province de la Marche* ». M. Hérissant,
des Académies de Béziers et d'Auxerre, l'un des fils de l'imprimeur
connu au XVIII⁰ siècle, nous apprend que ce mémoire était spécial
aux plantes de la Haute-Marche, c'est-à-dire, à peu près du département actuel de la Creuse (Bibl. Hist. de la France, 1768, I, p. 132).

— 3 —

Puy-de-Dôme. Pour gagner l'Auvergne, il passa par Guéret. Le 6 du mois de juillet, il fit une herborisation « du côté de Grancher et du Puy-de-Gaudy » et recueillit les plantes suivantes, qui y sont en effet assez communes : *Verbascum nigrum, Sedum elegans, Genista sagittalis, Veronica verna, Lychnis sylvestris, Genista pilosa, Campanula rotundifolia, Corydalis claviculata.* Dans les vallons qu'il parcourut, son attention fut attirée par *Comarum palustre, Hypericum elodes, Schœnus albus, Oxalis acetosella, Drosera rotundifolia, Drosera intermedia, Chrysosplenium oppositifolium, Viola palustris.* On ne saurait faire un choix de plantes qui donnât une idée plus juste de la végétation de la région parcourue. De Guéret, Bastard se dirigea sur Aubusson ; puis, continuant son voyage, il note sur son carnet trois plantes caractéristiques qu'il observe sur la route même d'Aubusson à Pontgibaud : *Dianthus monspessulamus* (rencontré depuis une seule fois dans le département), *Gentiana lutea, Doronicum austriacum* (1).

Tout cela est peu de chose et l'on peut dire que la science ne possédait presque aucun document sur la végétation de la Creuse, jusqu'au moment où le docteur Pailloux prit à tâche de la faire connaître. Ses recherches ont été fort étendues, mais elles ont surtout porté sur les environs de Chamberaud, où il exerça d'abord la médecine, et d'Ahun, où il transporta ensuite sa résidence. Grâce à lui et à quelques autres personnes, la *Société des Sciences naturelles et archéologiques de la Creuse,* fondée en 1832, possédait, dès 1838, deux herbiers contenant une assez grande quantité de plantes de la France et en particulier de plantes locales. Vers la même époque, il envoyait des notes à l'auteur de la nouvelle *Flore Française* (2). A Boreau, il adressa un grand nombre de plantes, ce qui permit au

(1) A ces quelques renseignements relevés par Boreau dans le manuscrit du voyage de Bastard et communiqués par lui à M. l'abbé de Cessac, on peut ajouter que de Candolle, dans sa *Flore Française,* publiée en 1814, cite le *Narcissus major,* entre Guéret et Limoges.

(2) Dans le 4ᵉ volume de cet ouvrage, paru en mars 1837, l'auteur, M. Mutel, cite (p. 197-200) 59 plantes indiquées par le Dʳ Pailloux pour la Creuse, parmi lesquelles : *Trifolium incarnatum, b. Molineri ; Lobelia urens,* à Genouillat ; *Narcissus major,* à Guéret ; *Osmunda regalis,* à Clugnat ; etc.

département de la Creuse d'être représenté dignement dans la célèbre *Flore du Centre*, dont la première édition parut en 1840.

Le résultat de ses premières recherches a été résumé par le docteur Pailloux dans une note publiée en 1843 (1). La partie principale de cette note est une liste des plantes recueillies par lui. Sept cent quatre-vingt-onze (791) espèces y sont énumérées. Il y a lieu de retrancher trois espèces inscrites par erreur (2), plus sept autres qui sont évidemment des plantes cultivées (3) ; mais sur les soixante-six variétés énumérées dans la liste, vingt-cinq sont de véritables espèces qu'il y a lieu d'ajouter aux précédentes. Tout compte fait, cette liste comprendrait huit cent six espèces, soit plus des trois quarts de toutes celles qui croissent sur le sol de la Creuse ; et, parmi les plantes mentionnées, se trouvent plusieurs espèces des plus intéressantes. Le reproche que nous adresserions à ce travail du docteur Pailloux, c'est l'absence de toute indication de localités. Hâtons-nous d'ajouter que cette lacune regrettable peut être comblée en grande partie au moyen des notes qui accompagnaient les plantes envoyées par lui à plusieurs botanistes, notamment à Boreau et à Lamotte (4).

Pour la seconde édition, considérablement augmentée, de la Flore du Centre, le docteur Pailloux compléta par l'envoi d'un nonveau fascicule de plantes les renseignements déjà fournis ; le plus grand nombre avait été recueilli par lui, et le reste par plusieurs botanistes dont il est parlé plus loin. Il n'eut point la satisfaction de voir la publication de cet ouvrage, qui parut seulement en 1849 ; la mort l'avait enlevé, jeune encore, au commencement de l'année 1848.

(1) Mémoires de la *Société des Sciences Naturelles et Archéologiques de la Creuse*, Tome I. La note de Pailloux se trouve dans le troisième bulletin, imprimé en 1843.

(2) *Cardamine amara, Geranium pratense, Trifolium spadiceum.* Pour les deux dernières, l'erreur a été reconnue par Pailloux lui-même.

(3) *Brassica napus, rapa, Trifolium incarnatum, Pisum sativum,* et trois espèces de la famille des Cucurbitacées.

(4) Voir la *Flore du Centre*, 1re et 2e édition ; et Lamotte, *Prodrome de la Flore du Plateau central de la France*, 2 vol. in 8o, Paris, 1877 et 1881.

Comme botaniste, le premier explorateur de la Creuse avait de précieuses qualités. Il connaissait bien les plantes et possédait le coup d'œil du naturaliste. Non seulement il sut découvrir les espèces les plus rares, *Biscutella lævigata, Dentaria pinnata, Lepidium Smithii, Lunaria rediviva, Viola Paillouxi* (espèce qui lui fut dédiée par M. Jordan), *Dianthus alpestris, monspessulanus, Cucubalus bacciferus, Peucedanum gallicum, Hypericum montanum, Medicago minima, Gerardi, Trifolium medium, glomeratum, Chrysosplenium alternifolium, Gnaphalium luteo-album, Pirola minor, Daphne mezereum, Narthecium ossifragum, Lilium martagon, Phalangium liliago, Neottia nidus avis, Botrychium lunaria, Polypodium phœgopteris, dryopteris,* etc. etc. ; mais les trop courtes notes dont il a accompagné la liste des plantes qu'il avait recueillies montrent qu'il savait, qualité inappréciable et peu commune, négliger les conceptions théoriques et les conventions des auteurs, pour s'élever jusqu'à la connaissance des espèces vivantes sorties des mains du Créateur.

En résumé, l'œuvre de Pailloux est considérable, par elle-même et dans ses effets. Si l'on ajoute au catalogue publié par lui en 1843 le résultat de ses découvertes postérieures, on arrive à constater que, malgré le peu de temps qu'ont duré ses recherches, il a fait connaître un total de neuf cents plantes au moins. C'est à lui aussi que la Creuse doit d'avoir été représentée dans la *Flore du Centre* dont la publication a fait naître les vocations des botanistes qui lui ont succédé dans notre contrée. Le docteur Pailloux est donc le vrai fondateur de la botanique dans la Creuse.

Il serait injuste cependant d'oublier qu'il a eu, du moins dans ses dernières années, des collaborateurs. MM. Monnet, pharmacien à Guéret, le docteur Dugenest et P. Filloux avaient ajouté un certain nombre de plantes à l'envoi fait par Pailloux à Boreau, quelques-unes très intéressantes : *Scandix pecten veneris, Viburnum lantana, Utricularia neglecta* et *minor, Euphorbia dulcis, Scilla autumnalis, Ornithogalum angustifolium, Ophrys arachnites, Epipactis latifolia,* etc. Celui qui avait eu la main la plus heureuse était M. P. Fillioux, qui pouvait revendiquer la découverte des raretés suivantes :

Genista purgans, Silybum marianum, Ribes rubrum, Erythræa pulchella, Scilla autumnalis (1).

Tandis que ces botanistes, aidés de M. André, plus tard régent au collège de Tulle, et de M. Roudaire qui découvrit le *Chrysan-themum segetum*, exploraient les environs de Guéret, plusieurs chercheurs étudiaient les plantes des autres cantons. M. Legrip parcourait les environs de Chambon-sur-Voueize, qu'il habitait, et il y signalait une des plus grandes raretés de la flore, le *Melica ciliata*. M. le docteur Bussière, appelé par les exigences de sa profession à visiter toutes les communes voisines de Châtelus-Malvaleix, y découvrit un grand nombre d'espèces que l'on ne voit guère sur les autres points du département ; telles sont *Clematis vitalba, Helleborus fœtidus, Isopyrum thalictroides, Lathyrus hirsutus, Inula dysenterica, Campanula rapunculus, Lysimachia nummularia, Digitalis lutea, Leonurus cardiaca, Allium ursinum, Colchicum autumnale, Ruscus aculeatus.* Dans la même région, à la Côte près Saint-Dizier-les-Domaines, M. Ed. Lamy de la Chapelle, banquier à Limoges, et botaniste bien connu, découvrait le *Linum gallicum.*

Toutes les découvertes signalées jusqu'ici avaient été communi-quées à Boreau, et elles sont insérées, du moins en résumé, dans la seconde édition de sa Flore, celle de 1849. Les lignes que l'on vient de lire retracent donc le tableau de ce que le public des botanistes connaissait relativement à la Creuse au milieu de ce siècle.

A peu près à la même époque, mais dans les années qui suivirent 1850, les environs d'Ajain et la vallée de la Creuse, dans la partie comprise entre Pionnat et Glénic, étaient explorés à fond par les professeurs du petit séminaire d'Ajain. M. l'abbé Pinot, aujourd'hui curé de Saint-Michel-des-Lions, à Limoges, après l'avoir été succes-sivement de Bellegarde et de Felletin, découvrait, vers 1851, — il a quitté Ajain en 1858 — *Ranunculus arvensis,* à Saint-Fiel ; *Isopyrum thalictroides,* au Pont-à-la-Dauge ; *Lupinus reticulatus,* au Pont-à-l'Evêque ; *Scrophularia Balbisii,* à Glénic ; *Colchicum autum-nale,* à Ajain ; deux plantes enfin des plus rares pour notre flore,

(1) Il faut remarquer que, dans son ouvrage, Boreau attribue ces découvertes à Pailloux, qui lui avait transmis les plantes.

Hippocrepis comosa, qu'il trouva, avec M. l'abbé Paufique, sur les bords du ruisseau de Mauque, près Glénic ; et, tout près de là, le *Serapias lingua*, dont cette station était la seule pour tout le bassin de la Loire, avant que M. l'abbé Bertrand en eût trouvé une nouvelle à quelques kilomètres plus loin, entre Ajain et le Pont-à-la-Dauge. M. l'abbé Pinot a herborisé aussi aux environs de Lépaud ; il y a signalé *Cucubalus bacciferus* et *Euphorbia cyparissias*, à Viersat.

M. l'abbé Paufique, actuellement curé de Folles, près de Bessines, a herborisé aux environs d'Ajain de 1853 à 1856. Il a découvert, avec M. l'abbé Pinot, l'*Hippocrepis comosa* signalé ci-dessus ; on lui doit aussi l'indication, à Saint-Marc-à-Frongier, de *Buplevrum rotundifolium* et de *Colchicum autumnale*. M. l'abbé Neyra, qui a quitté le petit séminaire en 1861, avait trouvé, dès avant 1857, les espèces suivantes, toutes fort rares : *Ranunculus auricomus*, à la Nouzière ; *Stellaria neglecta*, *Orchis foliosa* et *conopsea*, *Colchicum autumnale*, *Nasturtium pyrenaicum*, *Senecio viscosus*, à Ajain ; *Allium sphœrocephalum*, à Glénic ; *Lotus angustissimus*, à Mazeirat ; *Lupinus reticulatus*, *Cynoglossum officinale*, *Digitalis purpurascens* et *lutea*, *Phalangium liliago*, *Mercurialis perennis*, à Pionnat ; *Vincetoxicum officinale*, à Saint-Laurent ; *Petasites pratensis*, à Jarnages, ce dernier avec M. l'abbé Laly. Dans le bassin de la Petite-Creuse, il fit quelques bonnes découvertes : *Nasturtium amphibium*, *Lobelia urens*, *Euphorbia stricta*, à St-Dizier-les-Domaines ; *Cerastium aquaticum*, *Lotus diffusus*, à Bétète ; *Linaria minor*, à Châtelus-Malvaleix ; *Spiranthes autumnalis*, à Genouillat ; et enfin, à une extrémité du département, du côté de l'Auvergne, *Gentiana pneumonanthe*, au Chassaing, près de Chard.

La région de Saint-Vaury et du Grand-Bourg était explorée par M. Désétang, qui y découvrait *Andryala integrifolia*, *Leersia oryzoïdes*, *Setaria glauca*, *Pilularia globulifera*, *Lycopodium inundatum*.

Dans la vallée de la Voueize, M. l'abbé Lascaud, qui a passé une partie de sa vie à Chambon comme vicaire, à cette époque, et aujourd'hui comme curé-doyen, rencontrait *Laserpitium asperum*, *Vincetoxicum officinale*, *Digitalis purpurascens*, *Phalangium liliago*.

M. de Lambertye parcourait les bords du Cher, du côté de Chambonchard, où il signalait *Cardamine impatiens, Hesperis matronalis, Sambucus racemosa, Doronicum pardalianches, Allium ursinum.*

Aux environs d'Aubusson, quelques amateurs faisaient connaître plusieurs plantes intéressantes. M. de la Seiglière cueillait *Chœrophyllum umbrosum* et *Centaurea montana*, à Charras ; *Senecio Cacaliaster*, à Confolent ; M. Victor Bozon, *Pyrola minor*, dans les bois de la Lune ; M. Janin, *Vincetoxicum officinale*, aux abords de la ville.

D'autres points du département recevaient aussi la visite des botanistes. M. le docteur Guisard trouvait le *Stachys germanica*, près du pont-levis des ruines de Crozant ; M. Laroche, l'*Hypopitys multiflora*, dans les bois des Châtres, près Guéret ; M. Victor Sauty, le *Daphne mezereum*, à Saint-Oradoux-de-Chirouze ; enfin, M. Bonnafoux, l'*Asphodelus sphærocarpus*, dans les brandes de Linard.

De son côté, M. l'abbé de Cessac, qui venait d'entreprendre une exploration méthodique du département, avait enrichi la flore d'un certain nombre d'espèces. Il avait distingué plusieurs des espèces nouvellement créées, notamment par M. Jordan, *Erophila brachycarpa, glabrescens, stenocarpa, Viola agrestis, gracilescens, segetalis, Senecio flosculosus*, plusieurs *Hieracium, Anthoxanthum Puelli* ; il découvrait, en outre, *Dianthus sylvaticus, Sagina apetala, Spergula Morisonii, Medicago maculata*, plusieurs *Rosa, Montia minor, Sedum micranthum, Gallium erectum, elongatum, Crepis nicæensis, Brunella pinnatifida, Plantago media, Thesium alpinum, Parietaria diffusa, Avena fatua, Bromus secalinus* et *asper, Aspidium angulare, Polystichum oreopteris.*

Le temps cependant avait marché ; on était en 1857 et il y avait déjà quinze ans que le docteur Pailloux avait publié le Catalogue des plantes de la Creuse. Depuis cette époque, des plantes nouvelles avaient été découvertes, la botanique descriptive avait progressé, et si, parmi les espèces démembrées des espèces linnéennes, il y en avait beaucoup de hasardées, un certain nombre était accepté par tout le monde. En résumé, le travail du Dr Pailloux, excellent pour son temps, se trouvait fort arriéré. Sans doute, la seconde édition de la Flore du Centre contenait le relevé des découvertes faites depuis 1843 ; sans doute aussi les botanistes de Guéret avaient publié plusieurs suppléments destinés à compléter le catalogue du Dr Pailloux (1), mais tous ces documents étaient épars ; de plus, presque aucune indication ne venait jeter un rayon de lumière sur l'obscurité de ces longues listes de noms. Telle plante était-elle spontanée ou cultivée, telle autre était-elle commune ou bien provenait-elle d'une graine apportée accidentellement ? Les catalogues ne contenaient aucun renseignement sur ces points, de la plus haute importance cependant pour se faire une idée exacte de la flore d'un pays. La nécessité s'imposait de refaire le travail du docteur Pailloux, en le complétant et en le mettant à la hauteur des progrès qu'avait faits la science. Nul mieux que M. l'abbé de Cessac ne pouvait s'acquitter de cette tâche.

Connaissant à fond le département, pour en avoir exploré par lui-même la plus grande partie et pour le surplus en correspondance avec de nombreux amateurs, ce botaniste avait par devers lui une longue liste de plantes à ajouter aux noms déjà publiés. D'autre part, il était en relations suivies avec M. Boreau, à qui il avait envoyé pour la troisième édition de la Flore du Centre (2) un

(1) T. DE CESSAC. Supplément au Catalogue des plantes de la Creuse publié par le docteur Pailloux (signé T. de Cessac, 26 mai 1854). Guéret, impr. Vᵉ Betoulle, 1854. — In-8º de 7 pages. (Extrait du journal *Le Conciliateur*).

Id. Supplément au Catalogue des plantes de la Creuse (signé T. de Cessac). — Guéret, impr. Dugenest (s. d.) — In-8º de 8 pages. (Extrait des Mémoires de la *Société des Sciences naturelles et archéologiques de la Creuse*, II, p. 91, *Bulletin* août 1855).

P. FILLIOUX et G.-E. MONNET. *Supplément au Catalogue des plantes phanérogames observées dans notre département*, par le docteur Pailloux. (*Ibid.*, p. 99-104, même *Bulletin*).

T. DE CESSAC. Notes sur la Flore de la Creuse. Réponse à MM. Filloux et Monnet (signé T. de Cessac). — Guéret, impr. Vᵉ Betoulle, (s. d.) — In-8º de 3 pages. (Extrait du journal *Le Conciliateur*, octobre 1855. Réponse au Mémoire qui précède).

E.-G. MONNET. Supplément aux notes sur la Flore de la Creuse. Réponse à M. Télémaque de Cessac (signé E. Monnet). — Guéret, impr. Vᵉ Betoulle, (s. d.) — In-8º de 11 pages. (Extrait du journal *Le Conciliateur*, octobre 1855).

(2) A. Boreau. Flore du Centre de la France et du bassin de la Loire, 3ᵉ édition, 2 vol. in-8º. Paris, Roret, 1857.

herbier complet des plantes de la Creuse (1), et avec M. Jordan, de Lyon, qui venait de soumettre à une observation attentive les formes négligées jusqu'ici. Pour l'étude des genres critiques, l'aide de ces deux savants était précieuse et donnait une grande autorité aux déterminations faites par M. l'abbé de Cessac. Nous savons même qu'un certain nombre d'espèces ont été créées et nommées d'après les échantillons envoyés par lui.

C'est au mois d'octobre 1857 que son travail fut terminé, mais il ne fut publié que plusieurs années plus tard, et l'auteur était dans l'impossibilité, à cette époque, de le corriger d'une manière sérieuse. Tel qu'il est, le Catalogue des plantes vasculaires et demi-vasculaires de la Creuse (2) a rendu le même service qu'avait rendu, vingt ans auparavant, le catalogue du docteur Pailloux ; il a servi de base à toutes les recherches qui se sont faites depuis sa publication.

On y trouve d'abord une augmentation considérable dans le nombre des espèces relevées. Il comprend, en effet, toutes les plantes mentionnées dans le catalogue de Pailloux, toutes celles ajoutées à ce catalogue par MM. Dugenest, Monnet et Fillioux, et par M. de Cessac lui-même, toutes celles découvertes par les botanistes énumérés ci-dessus, toutes celles enfin trouvées par l'auteur depuis les suppléments publiés en 1854. Parmi ces dernières, on peut citer : *Ranunculus vulgatus, Stellaria glaucescens, Arenaria leptoclados, Cerastium obscurum, Trifolium Molineri, Alchemilla vulgaris, Myriophyllum alternifolium, Callitriche pedunculata, Filago spathulata, Senecio erraticus, Crepis pinnatifida* et *agrestis, Myosotis repens, Verbascum Schiedeanum, Veronica polita, Odontites serotina, Orobanche ramosa, Thymus chamædrys, Brunella alba, Plantago media, Thesium alpinum, Salix purpurea, fragilis* et *aurita*, plu-

(1) Boreau a laissé plusieurs manuscrits importants, parmi lesquels une notice écrite en tête du catalogue de sa collection. On y trouve le tableau des régions et des principaux botanistes dont il a reçu des plantes. La liste est fort longue ; M l'abbé de Cessac est inscrit comme ayant envoyé l'herbier complet des plantes de la Creuse.

(2) Ce catalogue se trouve dans le 3ᵉ bulletin (1861), p. 283-321, et dans le 4ᵉ bulletin (1862), p. 401-451 du Tome III des mémoires de la *Société des sciences de la Creuse.*

sieurs *Potamogeton*, *Carex pallescens* et *pseudocyperus*, un assez grand nombre de graminées, et enfin *Asplenium lanceolatum*.

En résumé, au lieu des 861 noms — espèces et variétés — que contient le catalogue de M. Pailloux, celui de M. de Cessac en donne 1287, et, si on ajoute trois espèces oubliées lors de l'impression (1), on en a 1290 (2) ; 7 étant inscrites par erreur (3), il en reste donc 1283 ; mais sur ce nombre il faut remarquer qu'il y a 84 espèces dites nouvelles (4), c'est-à-dire des formes récemment élevées au rang d'espèces, et 107 plantes cultivées (5).

Les avantages qui distinguent le catalogue de M. l'abbé de Cessac étaient, d'abord, de fondre en un seul tout, avec une critique éclairée, ce qui avait été publié jusque-là et de donner ainsi un tableau complet et fidèle de la flore connue de la Creuse ; en second lieu, de signaler, pour la première fois, à l'attention des botanistes les espèces récemment créées qui croissaient dans le pays ; enfin, en indiquant avec soin les localités, de poser la base de la géographie botanique de cette région.

(1) *Cirsium eriophorum*, *Sparganium simplex* et *ramosum*.

(2) Et en plus 64 variétés ou formes.

(3) *Fumaria parviflora*, *Cardamine amara*, *Saponaria vaccaria*, *Lotus tenuifolius*, *angustissimus*, *Selinum carvifolia*, *Petasites leucantha*.

(4) Ces espèces — les chiffres entre parenthèses indiquent, pour chaque genre, le nombre des espèces — appartiennent aux genres : *Aquilegia* (1), *Caltha* (2), *Sinapis* (1), *Erophila* (1), *Viola* (7), *Silene* (1), *Geranium* (1), *Hypericum* (1), *Trifolium* (2), *Rubus* (17), *Rosa* (?), *Epilobium* (1), *Sedum* (2), *Saxifraga* (1), *Levisticum* (1), *Heracleum* (1), *Galium* (2), *Senecio* (2), *Centaurea* (3), *Taraxacum* (3), *Hieracium* (21), *Euphrasia* (4), *Mentha* (?), *Plantago* (1), *Polygonum* (4).

(5) Ces espèces appartiennent aux genres : *Delphinium* (1), *Papaver* (1), *Brassica* (7), *Sinapis* (1), *Raphanus* (1), *Crambe* (1), *Lepidium* (1), *Iberis* (1), *Cochlearia* (1), *Lunaria* (1), *Spergula* (1), *Linum* (1), *Œsculus* (1), *Vitis* (1), *Persica* (2), *Armeniaca* (1), *Prunus* (1), *Cerasus* (4), *Spiraea* (1), *Mespilus* (1), *Cydonia* (1), *Cucurbita* (4), *Cucumis* (3), *Ribes* (2), *Apium* (1), *Aster* (1), *Helianthus* (1), *Cynara* (2), *Cichorium* (1), *Tragopogon* (1), *Scorzonera* (1), *Lactuca* (3), *Syringa* (1), *Nemophila* (1), *Phlox* (1), *Solanum* (1), *Nicandra* (1), *Nicotania* (1), *Atriplex* (1), *Spinacia* (1), *Rumex* (2), *Polygonum* (2), *Euphorbia* (1), *Cannabis* (1), *Ficus* (1), *Morus* (2), *Ulmus* (1), *Populus* (3), *Corylus* (1), *Platanus* (1), *Juglans* (1), *Pirus* (2), *Abies* (1), *Allium* (5), *Asparagus* (1), *Zea* (1), *Panicum* (1), *Avena* (2), *Hordeum* (2), *Secale* (1), *Triticum* (2), etc.

Le catalogue de M. l'abbé de Cessac a été imprimé en 1861, il y a juste trente ans. Depuis cette époque jusqu'en 1885, année où j'ai publié quelques notes sur la flore de la Creuse (1), rien, sauf un travail de M. l'abbé de Cessac relatif à la distribution géographique des plantes — qui ne contient d'ailleurs aucune découverte nouvelle — n'était venu faire connaitre les richesses que pouvait avoir acquises la flore locale. C'est donc des découvertes faites pendant la période comprise entre 1861 et 1885 que nous allons nous occuper maintenant.

Bien que M. l'abbé de Cessac eût renoncé, par suite de préoccupations plus graves, à une étude suivie de la flore de son pays, il n'a cependant jamais négligé, à aucune époque, d'inscrire avec soin toutes les espèces nouvelles qu'il rencontrait et les observations intéressantes qu'il pouvait recueillir. Il a bien voulu me faire, avec la plus gracieuse obligeance, l'abandon du résultat de ses recherches. C'est ainsi qu'en 1885, j'ai pu annoncer qu'il avait enrichi nos connaissances non seulement d'un nombre assez considérable de stations nouvelles pour les plantes rares, mais aussi de plusieurs espèces non encore connues, et quelques unes fort intéressantes. En voici la liste : *Draba muralis, Ulex Galii, Melilotus alba, Galium decolorans, Verbascum adulterinum, Cynodon dactylon* et *Cyperus fuscus.* On peut ajouter quelques espèces dites nouvelles, *Silene oleracea, Rosa nitens, Echium Wiersbickii, Polygonum laxum, minori-persicaria, denudatum,* et une plante naturalisée, *Hyssopus officinalis,* trouvée sur les tours de Crocq. A ces découvertes, j'avais joint celles de quelques autres botanistes. M. Renault, officier de remonte, avait signalé *Hypericum linearifolium* à Anzême ; et quelques jours avant la publication de mon travail, je recevais de M. le docteur Chaussat une des curiosités de la flore française, le *Lycopodium Chamæcyparissus,* trouvé par lui en novembre 1884 dans les bruyères qui bordent la route de Felletin à la Courtine, près de cette dernière localité. Moi-même j'avais été assez heureux pour ajouter à la liste quelques espèces rares : *Ranunculus lingua, Veronica acinifolia, Helianthemum*

(1) *Notes sur la flore de Creuse,* Guéret, Amiault, 1885.

guttatum, Viola lancifolia, Veronica Buxbaumi, Asplenium Breynii, Alisma ranunculoïde , et six autres espèces ou variétés.

Cependant, l'école de botanistes formée par les professeurs d'Ajain se perpétuait après s'être renouvelée. M. l'abbé Cialis, aujourd'hui curé de la Souterraine, herborisa dans les environs d'Ajain de 1865 à 1873 ; parmi ses observations, je remarque qu'il a trouvé en 1869, avec M. l'abbé Bertrand, le *Digitalis purpurascens* au Pont-Alibaud. Si c'est là un hybride infécond, comme le pensent sans doute avec raison plusieurs auteurs — et ici croissent ensemble les *Digitalis purpurea et lutea* — il est peut-être intéressant de noter qu'il a été constaté dans la même localité par M. Neyra, vers 1850, par MM. Cialis et Bertrand, en 1869, et par M. l'abbé Bertrand de 1875 à 1889, ne manquant que deux ou trois années, notamment en 1890. Deux autres prêtres, M. l'abbé Victor Nadaud, actuellement curé de Lussac-les-Eglises, et M. l'abbé Jallat, curé de Gouzon, ont aussi utilisé leurs loisirs, alors qu'ils étaient au petit séminaire, à explorer la campagne, le premier, de 1871 à 1880, le second, de 1869 à 1884.

M. l'abbé Bertrand, professeur de rhétorique au petit séminaire d'Ajain, avait commencé à herboriser dès 1869, étant encore élève, en compagnie de M. l'abbé Cialis. Depuis, bien qu'il avoue modestement avoir herborisé « à bâton rompus, sans suite ni ordre », il n'en a pas moins fait des découvertes des plus intéressantes. Il a constaté, nous l'avons vu, la persistance du *Digitalis purpurascens* à Pont-Alibaud, indiqué des stations nouvelles pour plusieurs plantes rares : *Mercurialis perennis*, dans les bois qui environnent le fort vitrifié de Châteauvieux ; *Reseda lutea*, sur la voie du chemin de fer à Parsac ; *Monotropa hypopitys*, dans les taillis de Neuville près Ajain (1889) ; *Gentiana campestris*, dans un pacage près du chemin de Neuville, Ajain (1889) ; *Ophrys apifera*, sur le tumulus du Pont-Alibaud, en 1889, mais disparu en 1890 ; enfin, *Serapias lingua*, dans un pacage entre Villechabus et la route de Guéret, au lieu dit « la plaine » ; c'est, avec la station des bords du ruisseau de Mauque, la seule localité du bassin de la Loire où l'on trouve cette orchidée. En fait d'espèces nouvelles pour la flore, il a constaté la présence de *Crepis setosa, Haller*, plante des plus rares, qu'il a trouvée, vers

1875, à Ajain, en face de la chapelle de Bonnefonts, dans une terre changée depuis en pré, et de *Spiranthes æstivalis*, récemment découverte en juillet 1889, à Ajain, aussi dans un pacage près du chemin de Neuville. S'il m'était permis de sortir un peu du département, je signalerais une remarquable découverte faite par M. l'abbé Bertrand au bois d'Ouguistre, près Montluçon, celle de l'*Erica carnea*, var. *occidentalis*, DC., à laquelle la Flore de France de Grenier et Godron n'assigne pas d'autre localité qu'une lande sablonneuse, à Pouilliac, dans la Gironde.

M. Alexandre Pérard, né à Airaines, dans le Pas-de-Calais, le 12 juin 1834, mort à Moulins le 15 juin 1887, a exploré avec beaucoup de soin une partie du département de la Creuse, jusque là imparfaitement connue. Après avoir été obligé de renoncer, pour raison de santé, à un travail dont l'avait chargé Milne-Edwards, pour le compte du Muséum, il vint se fixer dans le Bourbonnais où le rappelaient les souvenirs de sa jeunesse, passée toute entière à Moulins. Ses premières excursions furent pour l'arrondissement de Montluçon. En 1869, il adressait à la Société Botanique le *Catalogue raisonné des plantes* de cet arrondissement. Depuis cette publication, M. Pérard n'a cessé d'explorer ce territoire jusque dans ses parties éloignées. Il a visité les cantons de la Creuse qui faisaient partie de l'ancien Bourbonnais (1) ; et des plantes rares et nouvelles ont été recueillies par lui, notamment dans les localités si pittoresques de Saint-Marien et de Sainte-Radegonde, près Budelière, au confluent de la Tarde et du Cher. Parmi beaucoup d'autres ouvrages manuscrits ou imprimés, M. Pérard a laissé deux brochures, publiées en 1884 et 1886 (2), dont certaines parties sont intéressantes pour notre département. Ce botaniste, habitant en dernier lieu Montluçon, était bien placé, surtout depuis l'établissement du chemin de fer, pour explorer les environs de Chambon et d'Evaux. Ces contrées lui ont

(1) Dans son ardeur de naturaliste, il a même reculé les limites du Bourbonnais presque au delà d'Aubusson, ce qui peut sembler un peu excessif, et être considéré comme un empiètement sur notre domaine botanique.

(2) Flore du Bourbonnais, matériaux. Première partie, Montluçon (1884). Id. supplément, (1886).

fourni quelques plantes dignes d'être citées : *Biscutella granitica*, espèce démembrée de *B. lœvigata* dont la présence dans la Creuse était discutée ; *Ranunculus auricomus*, dont la seule autre station connue est détruite par suite de défrichement ; *Dentaria pinnata*, *Asplenium Halleri*, etc., toutes plantes déjà connues. Parmi les espèces nouvelles dont nous donnons plus loin la liste complète, trois espèces découvertes par lui méritent particulièrement l'attention : *Lepidium graminifolium*, à Evaux ; *Oxalis stricta*, à Chambon ; *Peucedanum oreoselinum*, à Budelière.

Depuis le printemps de 1878 jusqu'à ce jour, j'ai consacré plusieurs mois de chaque année à explorer divers points du département. Pendant les mois de printemps des années 1878 à 1883, j'ai parcouru presque chaque jour les environs de Guéret, en particulier la forêt de Chabrières, et surtout les bords de la Creuse, y compris les coteaux, dans une largeur de 7 ou 8 kilomètres, depuis le Busseau-d'Ahun jusqu'à Anzème. J'ai fait en plus quelques excursions à Aubusson, Felletin, vallée de Trenloup près Alleyrat, Bourganeuf, Levaveix, Ahun, Cressat, Toulx, Chanon, Gouzon, Lussat, Crozant, Dun, Lourdoueix-St-Pierre, Fresselines, etc ; en 1884, j'ai herborisé pendant le printemps dans la vallée de la Petite Creuse. La végétation estivale m'est connue par des herborisations quotidiennes faites en 1878, 1879, 1880, une partie de l'été des années 1881, 1883, 1885, 1886, 1887, dans les environs de Guéret, et de 1884 à 1890 dans la vallée de la Petite Creuse ; la végétation de l'automne, par quelques herborisations dans la vallée de la Petite Creuse en 1886 et 1889, et de la Creuse, du côté du Bourg-d'Hem, en 1890. Dans ces différentes excursions, j'ai pu relever — et j'y ai toujours mis un grand soin — un grand nombre de localités pour les plantes rares, indiquées auparavant sur un des deux autres point seulement, ou même d'une manière très vague, sans aucune indication de localité. On en trouvera la liste dans mes *Notes sur la Flore de la Creuse*, publiées en 1885, et dans la dernière partie du présent article. Parmi les espèces nouvelles que j'ai eu la satisfaction de récolter, je citerai : *Ranunculus lingua*, toujours rare pour le centre de la France, dans l'étang du Chancelier, près Saint-Fiel ; *Veronica acinifolia*, à la

Villatte-Sainte-Marie ; *Viola lancifolia* (1884), peut-être disparue aujourd'hui, dans une brande dernièrement défrichée, à Lignaux, commune de Lourdoueix-Saint-Pierre ; *Helianthemum guttatum*, au Bourliat, même commune ; *Alisma ranunculoïdes*, dans l'étang des Landes ; *Asplenium Breynii*, assez commun dans la vallée de la Petite-Creuse ; *Veronica Buxbaumi, Sagina patula, Spergella subulata, Ornithopus roseus, Polychnemum arvense*, etc.

Si, pour avoir le bilan complet de nos richesses végétales, nous ajoutons aux espèces indiquées par M. de Cessac celles trouvées depuis la publication de son catalogue, soit 69, nous arriverons à un total de 1352. Mais il faut remarquer que dans ce nombre il y a 104 de ces espèces encore discutées, créés par les botanistes de la nouvelle école, et 112 plantes cultivées, c'est à dire dont l'indigénat est plus ou moins incertain.

Au lieu de constater simplement les résultats acquis, on peut désirer examiner à un autre point de vue les travaux des botanistes. Si l'on recherche, afin de voir quelles régions du département restent à explorer, quelles sont celles qui l'ont été déjà, on arrivera à la conclusion qu'une grande partie de la Creuse est aujourd'hui suffisamment connue, en ce qui concerne la statistique botanique.

Ainsi, dans l'arrondissement de Guéret, le docteur Pailloux a exploré plusieurs localités, mais surtout les environs de Chambraud et d'Ahun. Quant à M. l'abbé de Cessac, qui a parcouru à peu près tout le département, les parties qu'il connaissait le mieux sont les environs de Saint-Vaury et du Grand-Bourg, et la vallée de la Creuse, du côté du Pont-à-la-Dauge et de Glénic. Les environs de Guéret ont été explorés par MM. l'abbé de Cessac, Monnet, Pailloux, Dugenest, P. Fillioux, Roudaire, Laroche, abbé Pinot, abbé Neyra ; le canton d'Ahun l'a été par MM. Pailloux, abbé de Cessac, abbé Pinot ; les points les mieux connus de cette région sont le Pont-à-la-Dauge et les bords du ruisseau de Mauque, les environs d'Ahun, la commune d'Ajain et celle de Pionnat. Le canton de Bonnat a reçu la visite de MM. l'abbé de Cessac, Bonnafoux, docteur Bussière ; c'est, avec la vallée de la Creuse, la partie du département que personnellement je connais le mieux. Pour le canton de Dun, M. l'abbé de Cessac a parcouru à peu près toutes les communes ; Pailloux a visité Dun et la Celle, le docteur Guisard, Crozant. MM. Pailloux et l'abbé de Cessac ont visité la Souterraine, et ce dernier seul, Saint-Germain-Beaupré et Saint-Priest-la-Feuille. Les cantons du Grand-Bourg et de Saint-Vaury ont été explorés par M. Désétang et M. l'abbé de Cessac ; ce dernier a habité le Mouchetard, commune de Saint-Sulpice-le-Guérétois, et naturellement en possède la flore à fond ; je connais assez bien certaines parties du canton de St-Vaury, surtout le côté d'Anzême, celui de Saint-Sulpice-le-Guérétois et de Saint-Léger, deux communes dont le territoire s'étend jusqu'au portes de Guéret. Dans cet arrondissement, j'ai parcouru en outre et exploré à fond certaines parties des environs de Guéret dans un rayon de vingt à vingt-cinq kilomètres, plusieurs points du canton d'Ahun, toute la vallée inférieure de la Petite-Creuse, Malval, Chéniers, Lourdoueix-Saint-Pierre, Chambon-Sainte-Croix, Nouzerolles et Fresselines, ainsi que les frontières du Berry, entre Aigurande et Crozant.

Dans l'arrondissement de Bourganeuf, le docteur Pailloux a visité le pont de Parsac sur le Thaurion, les bords de la Maulde, Royère et le Monteil-au-Vicomte. M. l'abbé de Cessac y a herborisé, notamment à Châtelus-le-Marcheix, Saint-Goussaud, Mourioux, Marsac, Vieille-ville, Bénévent et Ceyroux. M. Ed. Lamy est passé à Saint-Pierre-Chérignat et au Palais, près Bourganeuf. Enfin, j'ai fait une course à Bourganeuf, et une autre à Châtelus-le-Marcheix.

Certaines parties de l'arrondissement de Boussac peuvent être rangées parmi celles dont la végétation est le mieux connue. A Boussac même, et dans ses environs, aux Pierres-Jomattres, à Lavaufranche, MM. Pailloux, Roudaire, l'abbé de Cessac et Pérard ont fait des découvertes intéressantes ; les environs de Châtelus-Malvaleix ont été explorés pendant plusieurs années par MM. le docteur Bussière, Pailloux, abbé Neyra, abbé de Cessac et Ed. Lamy. Dans plusieurs des communes du canton de Jarnages, surtout à Gouzon, nous retrouvons ces mêmes botanistes, sauf M. Lamy, mais en plus l'abbé Laly. A Chambon enfin, la richesse de la végétation et la beauté du pays ont attiré un grand nombre d'amateurs ; sans parler de

M. Legrip, pharmacien dans cette localité, le cours de la Voueize et de la Tarde, leur confluent avec le Cher ont été visités par MM. Pailloux, abbé de Cessac, abbé Lascaud, abbé Pinot, Lamotte et Pérard ; la vallée du Cher l'a été par M. de Lambertye. L'étang des Landes a été visité par Pailloux et M. de Cessac, et j'y ai fait une herborisation très intéressante et très fructueuse, ainsi qu'aux environs de Gouzon, de Parsac ; j'ai fait aussi quelques excursions botaniques à Toulx et à Boussac.

L'arrondissement d'Aubusson est presque tout entier compris dans la haute Creuse, ce que l'on appelait autrefois le *Pays de Montagnes.* C'est une région peu habitée, et tout récemment encore d'un abord difficile ; elle a donc été peu explorée, du moins avec soin, sauf dans les environs immédiats des villes. Autour d'Aubusson, les recherches se sont concentrées surtout sur deux points, le ruisseau de Beauze et le cours de la Creuse, depuis son confluent avec la Rozeille jusqu'à Alleyrat, en y comprenant la pittoresque vallée de Trenloup. Des plantes fort intéressantes ont été découvertes dans ces localités par MM. Pailloux, Monnet, abbé de Cessac, Trimoulinard, Lamy, Janin, Bozon, de la Seiglière, abbé Paufique et docteur Chaussat. Felletin a été exploré par MM. l'abbé de Cessac, Lamy, abbé Polier ; Vallière, par M. Bouteillé. A Aubusson, à Trenloup et à Felletin, j'ai revu la plupart des espèces rares trouvées par mes prédécesseurs.

Saint-Sulpice-les-Champs et Saint-Sulpice-le-Donzeil qui avoisinaient Chamberaud, habité par Pailloux, ont été explorés par lui ; Saint-Martial-le-Mont l'a été par M. l'abbé de Cessac ; Banize, par M. Bouteillé ; Evaux, par MM. Pailloux, abbé de Cessac et Pérard ; Chambonchard, dans la vallée du Cher, par M. de Lambertye. A Chard, près d'Auzances, M. l'abbé Neyra a fait quelques recherches ; Bellegarde est resté peut-être en dehors des investigations botaniques, mais en revanche Chénérailles a été parcouru en tous sens, dans toutes ses communes, par MM. Pailloux, abbé de Cessac, docteur Chaussat ; et M. Cancalon a visité Bonlieu. Enfin les cantons de la montagne, la Courtine, Crocq, Gentioux, ont été explorés par MM. Pailloux et l'abbé de Cessac dans plusieurs de leurs parties. M. le docteur Chaussat y a fait quelques excursions, et M. Victor Sauty a étudié la végétation des hauts plateaux et des bois des environs de Saint-Oradoux-de-Chirouze.

En résumé, certaines régions du département peuvent être considérées comme bien connues. Ce sont les cantons de Felletin — en partie —, d'Aubusson, de Saint-Sulpice-les-Champs, de Chénérailles, d'Ahun, de Guéret, de Saint-Vaury, de Dun, c'est-à-dire le bassin de la Creuse depuis Felletin ou Aubusson jusqu'à son entrée dans le département de l'Indre ; les cantons de Châtelus-Malvaleix et de Bonnat, c'est-à-dire le cours moyen et inférieur de la Petite-Creuse ; la partie du canton de Jarnages située dans le bassin du Véraux, petite rivière qui rejoint la Petite-Creuse. On connaît aussi d'une façon très satisfaisante, dans le bassin de la Gartempe, les cantons du Grand-Bourg et de Saint-Vaury ; dans les bassins de la Voueize, de la Tarde et du Cher, les cantons de Chambon et d'Evaux. Beaucoup d'autres cantons ont été parcourus, sans l'avoir été avec suite, ni dans toutes leurs parties ou en toutes saisons ; ce sont ceux de la Courtine, Crocq, Gentioux, Royère, Bourganeuf, Pontarion, la Souterraine, Boussac et Auzances. D'un dépouillement fait avec soin, mais qu'il serait trop long de reproduire ici, il résulte que, sur les vingt-cinq cantons dont se compose le département de la Creuse, un seul — celui de Bellegarde — n'a fourni aucune découverte botanique(1), et sur les 264 communes, 129, c'est-à-dire un peu moins de moitié, ont été suffisamment explorées pour apporter chacune un appoint plus ou moins considérable au répertoire de nos richesses végétales.

Par cet exposé on voit que bien des parties, restées en dehors des recherches, ménagent sans aucun doute d'agréables surprises à ceux qui dirigeront leurs pas de leur côté. Parmi ces contrées, on peut, au premier rang, citer la Haute-Creuse, où, quelques mois avant sa mort, le Dr Chaussat trouvait comme par hasard, en montant une côte derrière la diligence de la Courtine, une des plantes les plus

(1) Ce canton a dû cependant être exploré, car M. l'abbé Pinot dont nous avons rapporté plus haut les découvertes, alors qu'il habitait Ajain, a été ensuite curé de Bellegarde, et y a certainement herborisé.

rares de toute la France, le *Lycopodium Chamæcyparissus*. L'exploration plus approfondie de cette région fera certainement découvrir bon nombre de plantes descendues des montagnes de l'Auvergne, et auxquelles conviennent en tout point les plateaux de la Haute-Creuse, *Mulgedium Plumieri*, *Scirpus Cœspitosus*, etc. D'autre part, certaines stations répandues dans tout le département, comme les marais tourbeux, les étangs, ne sont pas faciles à parcourir, et les plantes y échappent facilement aux recherches ; il est bien probable que l'on y trouvera certaines espèces inconnues jusqu'à ce jour dans le pays, par exemple : *Trapa natans*, qui existe à Crozon (Indre), et que j'ai cru voir sur un étang dans l'Indre, en face de Crozant, plusieurs espèces de Carex, peut-être des *Isoetes*, etc. Enfin, tout botaniste sait que, dans les stations les mieux explorées, on découvre sans cesse des espèces nouvelles. Un champ suffisamment vaste s'offre donc aux chercheurs de bonne volonté.

Il ne faudrait pas cependant que la considération de ce qui reste à faire fît déprécier outre mesure l'importance de nos connaissances actuelles sur la flore de la Creuse. Une notable portion du département a été explorée à fond, et l'on sait d'une façon certaine que la végétation des terrains granitiques en général, et des hauts plateaux de la Creuse en particulier, est d'une uniformité désespérante. Par une heureuse coïncidence, il se trouve encore que les régions où l'on pouvait compter, en jugeant par ce qui a été observé dans d'autres pays, sur une diversité et sur une richesse plus grandes, sont justement celles qui, depuis un demi-siècle, ont reçu les visites répétées de nombreux botanistes. Ce sont les rives et les coteaux de la Creuse dans tout son parcours, de la Petite-Creuse, de la Tarde et du Cher. On peut donc affirmer que si l'avenir tient à coup sûr en réserve des découvertes isolées intéressantes, l'ensemble de la flore indigène ne sera pas modifié par ces raretés. Telle que nous la possédons aujourd'hui, la connaissance de cette flore permet d'étudier pour le département les différentes questions, si intéressantes, que se pose la Géographie botanique, relativement à la la distribution des végétaux.

II

GÉOGRAPHIE BOTANIQUE

Les influences naturelles qui déterminent la distribution des plantes se rattachent à des causes nombreuses, surtout à la nature du sol et au climat qui reconnaît pour facteur principal l'altitude. Quand on étudie l'action de l'une de ces causes, ou de toute autre, sur la végétation, on ne doit pas oublier que jamais une cause n'agit isolément, mais que son action est constamment modifiée par l'action de causes étrangères. C'est uniquement par suite de l'impuissance où est l'esprit humain d'embrasser d'un seul regard un sujet aussi complexe que l'on est obligé, dans la géographie botanique comme dans toute les autres sciences, de distinguer pour l'étude ce que la nature n'a point divisé. C'est pourquoi, avant de passer en revue les différences de végétation causées par le régime des montagnes et des cours d'eau, par la composition physique et chimique du sol, par l'altitude et le climat, il est indispensable de résumer dans un tableau d'ensemble les traits principaux de la flore de la Creuse.

I

Aspect général de la Flore

Des cimes arrondies, parsemées d'énormes blocs de rochers, de vastes plateaux ondulés, d'innombrables marais, souvent tourbeux, dans toutes les dépressions, aussi bien sur les sommets que dans les vallons, de rares étangs, des pentes abruptes, des vallées sillonnées par de nombreux ruisseaux et des rivières au cours rapide, quelques forêts, ça et là des bouquets de bois et des châtaigneraies, voilà l'aspect de la Creuse, partout où la main de l'homme n'a pas trop durement fait sentir son action.

Les landes qui couvrent les montagnes et les pâturages, naguère encore très nombreux appelés communaux, sont composées à peu près partout des mêmes espèces : *Erica cinerea*, *Calluna vulgaris*, *Pteris aquilina*, *Ulex nanus* — remplacé dans la Haute-Creuse et aux environs de Toulx-Sainte-Croix par *Genista pilosa* — avec çà et là des massifs de genévriers ; dans les parties humides — les landes mouillées — *Erica tetralix*, *Genista anglica*, *Cirsium anglicum* et *bulbosum*, *Pedicularis silvatica*, *Anagallis tenella*, *Microcala filiformis*, et au nord du département, *Lobelia urens*.

Les marais et les prés tourbeux, en outre de ces dernières espèces, en ont quelques unes qui leur sont propres : *Comarum palustre*, *Epilobium palustre*, *Crepis paludosa*, *Drosera rotundifolia*, *intermedia*, *Isnardia palustris*, *Elodes palustris*, *Viola palustris*, *Pedicularis palustris*, *Oxycoccos palustris*, *Eriophorum angustifolium*, *vaginatum*, *Eleocharis uniglumis*, *multicaulis*, *Rhynchospora alba*, *Carex paniculata*, *lævigata*, *limosa*, *ampullacea*, etc. Dans les marais ordinaires, sur les bords de certains cours d'eaux, et dans les prés humides, mais non tourbeux, on trouve *Caltha palustris*, *Hydrocotyle vulgaris*, *Scutellaria minor*, *Cardamine pratensis*, *Parnassia palustris*, *Lychnys flos cuculli*, *Scorzonera hispanica*, *Rhinanthus major*, *Polygonum bistorta*, et plus rarement *Ranunculus aconitifolius* et *Impatiens noli tangere*, ce dernier surtout dans les lieux boisés, *Orchis latifolia*, *laxiflora*, *maculata*, des *Potamogeton*, des *Carex* et de nombreux joncs, *Scirpus lacustris*, *Eleocharis palustris*, et parmi les graminées, *Phalaris arundinacea*, *Glyceria aquatica*, et très rarement *Leersia oryzoïdes* ; enfin *Narthecium ossifragum* dans certains marais.

Dans les étangs croissent en pleine eau, *Ranunculus aquatilis*, très rarement *Ranunculus lingua*, *Nuphar luteum*, *Nymphæa alba*, tous les *Myriophyllum*, *Utricularia neglecta* et *minor*, *Alisma natans*, les *Potamogeton*, *Typha latifolia*, *angustifolia*, *Sirpus lacustris*, *fluitans*, *Phragmites communis*, *Glyceria fluitans* ; sur leurs bords ainsi que dans tous les autres lieux mouillés, croissent *Littorella lacustris*, *Alisma repens*, *Juncus pygmæus*, *Eriophorum gracile*, *Eleocharis acicularis*, *Pilularia globulifera*, *Lycopodium inundatum*, *Equisetum palustre* et *limosum*, *Sparganium simplex* et *ramosum*. Les lieux un peu moins humides nourrissent *Ranunculus flammula*, *Cardamine hirsuta, silvatica, Cerastium aquaticum, Circœa luteliana, Lythrum salicaria, Spirœa ulmaria, Hydrocotyle vulgaris, Carum verticillatum, Œnanthe peucedanifolia, Eupatorium cannabinum, Petasites pratensis* très rare, *Bidens tripartita, cernua, Achillœa ptarmica, Wahlenbergia hederacea, Lysimachia nummularia, Menyanthes trifoliata, Symphytum officinale, Myosotis palustris, Scrophularia nodosa, Balbisii, Gratiola officinalis, Veronica serpyllifolia, Clandestina rectiflora,* toutes les menthes, *Lycopus europœus, Stachys silvatica, palustris, Scutellaria galericulata, Polygonum persicaria, Alnus glutinosa, Betula verrucosa, Iris pseudacorus,* les joncs, *Luzula silvatica, Cyperus flavescens, Scirpus setaceus,* un grand nombre de *Carex.* Les mares et les pêcheries sont plus spécialement habitées par *Heliosciadum inundatum,* l'*Polygonum amphibium, Lemna minor, major, polyrrhyza, Scirpus fluitans, Eleocharis palustris.*

Les petits ruisseaux et les fontaines sont tout remplis de *Ranunculus heredaceus, Lenormandi, Nasturtium officinale, Stellaria uliginosa, Montia rivularis, Sedum villosum, Chrysosplenium alternifolium* et *oppositifolium, Veronica anagallis, beccabunga, Polygonum persicaria.* Les ruisseaux plus importants sont envahis par les *Ranunculus aquatilis* et *Nuphar luteum,* et sur leurs bords croissent *Caltha palustris, Alisma plantago, Scirpus silvaticus, Glyceria aquatica, Ranunculus aconitifolius.* Dans le cours même des rivières, on voit flotter les feuilles du *Ranunculus aquatilis,* les *Nuphar luteum, Nymphœa alba;* en se rapprochant des bords, *Nasturtium amphibium* au nord du département seulement, mais partout *Nasturtium palustre* et *Littorella lacustris;* sur les rives mêmes *Senecio erraticus, Geranium silvaticum, Œnothera biennis.*

Les champs cultivés sablonneux et humides sont pleins, au fond des sillons, d'une végétation active, où l'on remarque *Ranunculus parvulus, philonotis, Radiola linoides, Montia minor, Illecebrum verticillatum, Corrigiola littoralis.*

Les bois humides et couverts abritent *Viburnum opulus, Lysimachia nemorum, Allium ursinum,* dans certaines parties *Osmunda regalis* et quelques autres fougères rares, un peu partout *Athyrium filix fœmina*. L'*Umbilicus pendulinus*, accompagné de l'*Asplenium trichomanes*, garnit les vieux murs et les fentes humides des rochers. Le *Nardus stricta* mérite d'être cité parmi les plantes qui aiment l'humidité, on le trouve aussi bien dans les marais découverts que sur les pelouses sèches et arides.

Les bouquets de bois qui s'étagent en beaucoup d'endroits sur le flanc des collines sont composés de chênes et de bouleaux, s'élevant au-dessus des genêts. Les forêts que l'on trouve sur plusieurs points comprennent à peu près exclusivement des chênes, *Quercus pedunculata* (dans la forêt de Chénérailles et dans le bois d'Aubusson, croit en outre le *Quercus sessiliflora*) et des hêtres avec quelques sorbiers des oiseleurs, et un sous-bois où se rencontrent principalement la bourdaine et deux sureaux, *Sambucus nigra* et *racemosa*. Les plantes plus humbles qui garnissent le sol, sont — outre une foule de graminées parmi lesquelles il suffit de distinguer *Melica uniflora* — *Narcissus pseudonarcissus, Anemone nemorosa, Scilla lilio-hyacintus, Convallaria maïalis, Maianthenum bifolium, Vinca minor, Aquilegia vulgaris, Corydalis claviculata, Hypericum pulchrum, Conopodium denudatum, Asperula odorata, Melittis grandiflora, Euphorbia hyberna* et *Paris quadrifolia.*

Les coteaux secs et les lieux incultes sont livrés, sur toute l'étendue du département, à trois plantes qui leur sont un véritable ornement, *Senecio adonidifolius, Digitalis purpurea* et *Achillea millefolium.* Dans ces mêmes localités on trouve, parmi un certain nombre de ces plantes vulgaires qui vivent dans tous les pays, comme *Sisymbrium officinale, Capsella bursa pastoris, Spergularia rubra,* quelques espèces plus rares : *Dianthus Carthusianorum,* mais seulement dans la vallée de la Creuse, *Spergula Morisonii, Malva moschata, Scleranthus perennis, Genista sagitallis, Arnoseris pusilla, Campanula glomerata,* non partout, *Thymus serpyllum, Anarrhinum bellidifolium, Aira præcox, Briza media.* Enfin dans les moissons pullulent *Rhinanthus hirsuta, Scleranthus annuus, Anthoxantum Puelli,* les *Viola* de la section *Tricolor* mêlés aux *Galeopsis.*

Comme on peut le voir, la flore, dans son ensemble, est composée surtout de plantes affectionnant l'humidité. Ce fait n'a rien qui doive surprendre, puisque l'on sait que la Creuse appartient en grande partie à la région de France où, à part quelques points des Cévennes, il tombe la plus grande hauteur d'eau. De plus, le terrain formé de roches cristallines, le plus souvent sans fissures, ne permet point aux eaux de descendre rapidement, comme dans les pays calcaires, dans les profondeurs du sous-sol. Une grande partie de ces eaux, là où il n'y a pas de pente suffisante, constitue des nappes souterraines à quelques décimètres au dessous de la surface ; le reste courant le long des coteaux et des déclivités, entre la mince couche de terre sablonneuse et la roche dure, forme ces innombrables ruisseaux qui découpent le terrain en une multitude de collines et de petites vallées. « Dans ce pays, dit M. Onésime Reclus, l'eau est partout, sous tous ses formes, étangs, mares, torrents, murmures dans les rigoles, scintillements dans les prairies ».

Ce tableau général est insuffisant pour montrer les caractères particuliers de la végétation creusoise. Si l'on veut les connaître, il faut examiner la question de plus près et entrer dans le détail des faits observés, relativement à la répartition des plantes. Il faut examiner les rapports qui existent entre les différents terrains et les plantes qui y croissent, rechercher si les plantes qui vivent dans la Creuse sont les mêmes que celles qui vivent au pied de ses collines, dans le Berry, si celles des hauts plateaux du sud du département sont les mêmes que celles des altitudes inférieures de la région du Nord.

II

Influence du sol sur la végétation

Le sol exerce une influence sur la végétation aussi bien par ses propriétés physiques que par ses propriétés chimiques. Dans le premier cas, il agit en raison de son mode mécanique de désagrégation, de son aptitude plus ou moins grande à garder les eaux ou à s'en débarrasser rapidement ; dans le second cas, en raison de la nature chimique des éléments minéralogiques qui le composent.

La flore des pays siliceux n'est pas celle des pays calcaires. Tout le monde reconnaît le fait, mais le même accord n'existe pas en ce qui concerne la cause. Les uns expliquent la différence de végétation par le degré différent de sécheresse ou d'humidité des terrains ; les autres, au contraire, n'y veulent voir qu'une répulsion ou une préférence de la part des plantes pour la substance même des roches qui ont formé les terrains. Quels sont ceux qui donnent la véritable explication ?

Si l'on veut une réponse absolue, la question est des plus difficiles à trancher. En effet, les calcaires sont presque toujours compacts, par conséquent classés par les partisans de la théorie physique comme terrains secs ; les granits donnent presque toujours des terrains sablonneux, lesquels sont d'après les mêmes naturalistes des terrains humides. Il s'ensuit, si l'on admet cette classification, discutable d'ailleurs (1), que les faits de dispersion se trouveront, à peu près toujours, aussi bien expliqués par la théorie physique que par la théorie chimique. On le voit, la difficulté est grande d'arriver à une conclusion précise.

Cependant aujourd'hui, la presque unanimité des auteurs s'accorde à reconnaître l'influence *prépondérante* — on ne dit pas unique, tant s'en faut — des propriétés chimiques. Sans doute, il y a des réserves à formuler. Pour peu que l'on ait observé les mêmes plantes dans des régions différentes, on ne peut se dispenser de reconnaître que les espèces *partout* et *toujours calcifuges* ou *calci-coles* ne sont pas très nombreuses. Certaines plantes, calcicoles dans une contrée, peuvent être ailleurs indifférentes ou calcifuges (2).

(1) On peut consulter à ce sujet l'ouvrage suivant : *Recherches physico-chimiques sur la terre végétale*, par J. Vallot, Paris, 1883, p. 65 et 66.

(2) En employant les mots *calcifuge* et *calcicole*, nous n'entendons nullement préjuger la question de savoir si les plantes que l'on trouve sur les terrains siliceux y sont parce que la silice leur est indispensable, ou au contraire pour y fuir la chaux ; nous nous servons simplement d'expressions commodes pour constater les faits.

Cette concession faite, on doit admettre avec les partisans de la théorie chimique que, si les stations des plantes sont déterminées en partie par les propriétés physiques du sol combinées avec l'action du milieu atmosphérique, les distinctions provenant de ces causes sont toutes dominées, dans une région donnée, par les influences chimiques. On peut ajouter qu'un grand nombre de végétaux ont[t] besoin, pour se développer, d'un sol dont les conditions chimiques soient nettement déterminées ; à ce point, qu'un botaniste exercé peut souvent déduire la constitution chimique d'un terrain de la seule inspection de son tapis végétal.

Les auteurs qui, à la suite de Thurmann, cherchent la cause de la distribution des végétaux dans la faculté plus ou moins grande que possèdent les terrains d'absorber les liquides, divisent les plantes en deux grandes catégories. Les espèces *hygrophiles* (amies de l'humidité) sont particulières aux terrains qui se désagrègent facilement : sables, grès, granites, argiles, etc.; les espèces *xérophiles* (amies de la sécheresse), aux terrains qui résistent énergiquement à la décomposition : calcaires, porphyres compacts, etc. Le coup d'œil d'ensemble que nous venons de jeter sur la végétation de la Creuse suffit pour montrer que cette végétation est presque tout entière hygrophile ; un examen plus détaillé ne fait que confirmer cette appréciation générale.

Parmi les espèces qui composent notre flore — du moins en tenant seulement compte de celles qui ont une préférence marquée pour les sols secs ou pour les sols humides — on ne trouve que 54 espèces xérophiles. On lira plus loin, dans les listes des plantes calcicoles, les noms de 28 de ces espèces xérophiles : 4 autres sont des plantes silicicoles, à savoir : *Umbilicus pendulinus*, DC., *Rumex acetosella*, L., *Asplenium septentrionale*, Hoff., *Asplenium Breynii*, Retz ; dont une seule commune, *Rumex acetosella*. Le surplus appartient à la série des indifférentes, c'est-à-dire des espèces chez lesquelles la composition chimique du terrain ne semble devoir contrarier en rien l'action des influences physiques. Or, sur 478 espèces que comprend chez nous la catégorie des indifférentes, 22 seulement sont xérophiles. Ce sont les suivantes :

Clematis vitalba, L. RR.	Poterium sanguisorba, L. RR.
Turritis glabra, L. RR.	Sorbus aria, Crantz, R.
Viola hirta, L. AC.	Sedum acre, L. R.
Silene nutans, L. R.	Sempervivum tectorum, L.
Dianthus Carthusianorum, L. R.	Erigeron acris, L. RR.
Cerastium semidecandrum, L. RR.	Origanum vulgare, L. R.
	Thesium alpinum, L. RR.
Hypericum montanum, L. RR.	Euphorbia cyparissias, L. RR.
Trifolium ochroleucum, L. AC.	Ruscus aculeatus, L. R.
filiforme, L. AC.	Carex præcox, Jacq. CC.
Prunus spinosa, L. CC.	Cynodon dactylon, Pers, RR.
Potentilla verna, L. R.	

Cette liste appelle plusieurs remarques. D'abord, deux espèces, le *Sedum* et le *Sempervivum* ont un habitat factice; il convient donc de les retrancher. Sur les dix-neuf qui restent, neuf sont extrêmement rares; quelques-unes même n'ont été trouvées qu'une fois. Cinq sont rares, trois sont assez communes, deux seulement sont très communes, *Carex præcox* et *Prunus spinosa*. De ces deux dernières espèces, le *Carex* ne peut certainement pas être classé, du moins chez nous, parmi les plantes xérophiles, car il vient parfaitement dans les pâturages mouillés; et le *Prunus* ne semble pas fuir de parti pris les terrains à sous-sol humide. Enfin, l'*Origanum vulgare* et le *Ruscus aculeatus* se trouvent dans la Creuse à peu près exclusivement sur le micaschiste et les schistes; cette préférence, que les propriétés chimiques du sol sont impuissantes à justifier, se trouve expliquée, au contraire, par la différence des propriétés physiques.

En résumé, la constatation du petit nombre de plantes xérophiles que l'on trouve ici parmi les indifférentes au point de vue chimique, est conforme à la règle que les influences physiques, quand elles ne sont point combattues par les influences chimiques, déterminent la station des végétaux (1). Cette proposition est admise

(1) Il ne faut pas oublier que la théorie physique est postérieure à la théorie chimique, et que, suivant la remarque si juste de Lecoq, dans ses *Études de Géographie Botanique*, on se demande, en voyant les tableaux dressés par les partisans des théories physiques, s'ils les ont établis, tant la similitude est complète, d'après leurs propres théories ou celles de leurs adversaires.

par tout le monde, et l'examen de notre flore, au point de vue de l'action des influences physiques, se trouve donc ne pas offrir grand intérêt. Il en est autrement des observations relatives à la dispersion des plantes selon leurs préférences chimiques. Pour permettre de suivre l'explication des faits, il est indispensable de donner quelques renseignements sommaires sur les différentes formations géologiques, ou plutôt, sur la composition minéralogique du pays.

Le département de la Creuse est tout entier — sauf de très rares exceptions — constitué par des terrains primitifs, granits de plusieurs sortes, gneiss, micaschistes, etc. Les granits occupent la plus grande surface. On trouve le gneiss en beaucoup de localités ; à l'ouest, il forme une bande étroite qui va du département de l'Indre à celui de la Corrèze ; à l'est, il se rencontre à Genouillat, Lépaud, Trois-Fonts, Evaux, Auzances, Mainsac, etc. Le micaschiste est réparti en quatre massifs ; le premier, du côté d'Arrênes et de Saint-Goussaud, se prolonge dans la direction de Bourganeuf, et, par des bandes plus ou moins interrompues, se relie à un second massif qui occupe les environs de la Courtine, de Felletin et d'Aubusson. On retrouve le micaschiste à Lépaud et à Marcillat. Enfin, tout le nord du département lui appartient, depuis Saint-Sébastien jusqu'à Boussac, sauf deux massifs granitiques, l'un à Crozant et à la Chapelle-Balouë, l'autre à Lourdoueix-Saint-Pierre et à Méasnes.

Un fait important à relever au point de vue spécial de la géographie botanique, c'est que dans le dernier massif, celui du nord, le micaschiste a subi l'amphibolisation (1). On trouve les roches amphiboliques près de Dun et de Villard, aux environs immédiats de Fresselines, près de Nouzerolles, au pont de Chambon-Sainte-Croix, à Combrand, commune du Bourg-d'Hem, à Châtelus-Malvaleix, Roche-Malvalaise, Gouzon ; Etang-Girard, commune de Lussat ; et Saint-Sornin, près de Chambon-sur-Voueize. De ces lambeaux d'amphibolite on peut rapprocher celui de syénite — bien que cette dernière roche soit d'origine granitique — qui s'étend entre Châte-

____

(1) M. E. Barret a fait la remarque que nos diorites sont très amphibolifères et très souvent schisteuses.

lus-Malvaleix et Clugnat; comme la précédente, en effet, cette roche est une de celles où entre l'amphibole, particulièrement l'hornblende.

Le terrain carbonifère occupe plusieurs points qui, autrefois reliés entre eux, formaient une bande de schistes anthraciteux. On en trouve un lambeau près d'Anzême ; puis il recouvre les coteaux de la rive droite de la Creuse, depuis Glénic jusqu'à Busseau-d'Ahun ; on le revoit à Eypsat, au sud-est d'Aubusson. Une autre grande bande part de Ladapeyre et va jusqu'à Château-du-Cher (Puy-de-Dôme). Sur son trajet, elle rencontre le bassin tertiaire de Gouzon, qu'elle entoure presque de toutes parts ; elle présente de nombreux affleurements au nord du bassin de la Voueize, au sud d'Evaux, à Saint-Julien-la-Genête, et depuis Chambon-sur-Voueize jusqu'à la limite du département, en passant par Fontanières.

Le terrain tertiaire n'occupe que les environs de Gouzon. Des lits de sable, alternés avec des argiles de l'éocène supérieur, sont recouverts par une plage de sables tongriens du miocène. Le terrain quaternaire est assez commun dans le département dont il occupe tous les plateaux ; sa surface est, sauf de rares exceptions, une argile pure et blanchâtre.

De cette description, il résulte que, presque partout, le terrain est formé par la désagrégation des roches cristallines, et que la silice règne chez nous en souveraine à peu près absolue. La chaux n'apparaît, pour ainsi dire, qu'à la dérobée, dans les roches amphibolisées et sur certains points des terrains carbonifères (1).

Les plantes de la Creuse sont-elles en majorité des plantes que, sous les autres climats et dans des milieux différents, on a reconnu fidèles aux terrains siliceux ? Les rares endroits où la chaux se trouve chez nous ont-ils une flore particulière ? Pour répondre à ces deux questions, nous allons prendre une à une toutes les espèces signalées dans la Creuse, et préciser leurs stations, en indiquant pour chacune d'elles les préférences au point de vue de la composition chimique du sol.

(1) M. E. Barret signale à Evaux la présence du cipolin, assez surprenante au sein des roches primitives.

Nous commencerons par éliminer les espèces qui ont été reconnues, après de nombreuses expériences, comme indifférentes à la nature du terrain, ou encore sur lesquelles on n'a pas à ce point de vue de renseignements suffisants (1). Il en restera 326 sur lesquelles porteront nos recherches.

On remarque d'abord que les plantes dites *silicicoles* couvrent le terrain de leurs nombreux bataillons. Avant de pénétrer dans le détail, nous rappelons qu'ici il y a, parmi les partisans mêmes des influences chimiques, deux écoles en présence. La première est représentée par M. Contejean qui, en même temps que Weddel, a suscité la théorie des *substratum* neutres; c'est-à-dire, que la silice n'a aucune influence sur la distribution des végétaux, mais qu'elle sert simplement de *refuge* aux plantes qui ne peuvent supporter le calcaire, lequel est pour elles un vrai poison; au contraire, les plantes calcaires sont celles qui peuvent supporter la chaux. L'école opposée soutient que la silice a, comme la chaux, une *action* directe et *effective* sur certains végétaux et qu'elle est indispensable à leur existence. La question est sans doute très intéressante, et depuis longtemps nous nous occupons de recueillir les faits qui pourraient l'éclairer; mais ces recherches, pour être sérieuses, demandent à être poursuivies avec une exactitude scrupuleuse et pendant de longues années. Pour le moment, nous nous contenterons de présenter des listes de plantes classées suivant leurs préférences connues, en indiquant si elles sont abondantes, ou si leur rareté constitue une exception qui doit attirer l'attention et faire rechercher la cause de leur présence.

Parmi les plantes silicicoles, il y a des degrés dans l'attachement aux sols siliceux. Une première liste comprend toutes celles qui

(1) « Il importe de faire observer, dit M. Franchet, que le nombre des plantes caractéristiques est beaucoup moindre que celui des espèces qui s'accommodent d'un sol d'une nature neutre. C'est surtout le cas des plantes des terrains argileux, dont la plupart paraissent indifférentes à la nature de l'argile ». *Flore de Loir-et-Cher*, par A. Franchet, Blois, 1885, p. xxxiv. La préface de cet ouvrage est très remarquable.

fuient tellement le calcaire qu'elles ne se rencontrent jamais qu'accidentellement, sans s'y propager, et sans pouvoir être cultivées, sur les terrairs renfermant assez de calcaire pour produire à froid une effervescence avec les acides (1).

Ranunculus hederaceus, L. C.
　　　Lenormandi, Schultz. C.
Corydalis claviculata, DC. C.
Nasturtium pyrenaïcum, RR. AR.
Teesdalia nudicaulis, R. Br. CC.
Helianthemum guttatum, Mill. RR.
Viola palustris, L. AC.
Drosera rotundifolia, L. C.
　　　intermedia, Hoppe. C.
Polygala depressa, Windr. CC.
Mœnchia erecta, Ehrh. CC.
Spergella subulata, Schw. RR.
Radiola linoïdes, Gm. C.
Elodes palustris, Sp. CC.
Ulex europæus, L. AC.
　　　Galii, Pl. RR.
　　　nanus, Sm. CC.
Sarothamnus scoparius, Koc. CC.
Genista anglica, L. C.
　　　purgans, L. R.
Ornithopus perpusillus, L. CC.
　　　roseus, Duf. RR.
Orobus tuberosus, L. CC.
Potentilla argentata, Jord. R.
Myriophyllum alterniflorum, DC. CC.
Peplis portula, L. CC.
Montia minor, Gm. C.
　　　rivularis, Gm. CC.

Scleranthus perennis, L. AC.
Illecebrum verticillatum, L. CC.
Corrigiola littoralis, L. CC.
Sedum villosum, L. C.
Hydrocotyle vulgaris, L. CC.
Heliosciadium inundatum, Koc. AC.
Carum verticillatum, Koc. CC.
Conopodium denudatum, Koc. CCC.
Angelica pyrenœa, Spr. RR.
Galium saxatile, L. CC.
Filago arvensis, L.
　　　montana, L. CC.
Arnica montana, L. AC.
Doronicum austriacum, Jacq. C.
Senecio artemisiæfolius, Pers. CC.
Cirsium anglicum, DC. C.
Arnoseris pusilla, Gærtn. CC.
Hypochœris glabra, L. C.
Lobelia urens, L. R.
Jasione perennis, L. CC.
Wahlenbergia hederacea, Reich. CC.
Oxycoccos palustris, Pers. R.
Calluna vulgaris, Sal. CC.
Erica cinerea, L. CC.
　　　tetralix, L. C.
Microcala filiformis, Link. C.

(1) Les listes des plantes qui suivent sont établies d'après les ouvrages de M. Contejean.

Anarrhinum bellidifolium, Des. AC.
Veronica acinifolia, L. RR.
Galeopsis dubia, Leers. CC.
Scutellaria minor, L. C.
Littorella lacustris, L. AC.
Castanea vulgaris, Lamk. C.
Alisma natans, L. AC.
Narthecium ossifragum, Huds. R.
Juncus supinus, Mœnch. AC.
    squarrosus, L. C.
    tenageia, L. AC.
Carex elongata, L. RR.
    canescens, L. C.
    remota, L. R.
    limosa, L. RR.
    pilulifera, L. C.

Anthoxanthum Puelii, Lec. et Lam. CC.
Aira caryophyllea, L. CC.
    præcox, L. CC.
    flexuosa, L. CC.
Danthonia decumbens, DC. CC.
Vulpia sciuroides, Gm. CC.
Nardurus Lachenalii, Godr. C.
Nardus stricta, L. CC.
Osmunda regalis, L. R.
Asplenium lanceolatum, Huds. RR.
    septentrionale, Sw. C.
    Breynii, Retz. R.
Pilularia globulifera, L. RR.
Lycopodium inundatum, L. R.

La seconde liste comprend les plantes calcifuges un peu plus tolérantes, puisque ces plantes peuvent se propager sur les terrains où la présence du calcaire est décelée par les acides ; mais elles y sont toujours plus rares et souvent moins vigoureuses que sur les sols privés de calcaire.

Ranunculus sceleratus, L. RR.
    philonotis, Ehrh. CC.
    parvulus, L. C.
Barbarea præcox, R. BR. C.
Gypsophila muralis, L. CC.
Dianthus armeria, L. AC.
Sagina apetala, L. R.
Spergula arvensis, L. CC.
Stellaria nemorum, L. RR.
    uliginosa, Mur. CC.
Spergularia rubra, Pers. CC.
Hypericum humifusum, L. CC.
    pulchrum, L. C.

Oxalis corniculata, L. R.
Trifolium subterraneum, L. AC.
Vicia lathyroïdes, L. RR.
Lupinus reticulatus, Desv. RR.
Comarum palustre, L. CC.
Agrimonia odorata, Mill. AR.
Sanguisorba officinalis, L. R.
Epilobium palustre, L. C.
    obscurum, Schreb. C.
Lythrum hyssopifolia, L. RR.
Chrysosplenium oppositifolium, L. C.
Œnanthe Lachenalii, Gmel. RR.

Galium uliginosum, L. C.
Gnaphalium luteo-album, L. RR.
Filago canescens, Jord. R.
        gallica, L. R.
Senecio silvaticus, L. CC.
Centaurea nigra, L. CC.
Thrincia hirta, Roth. CC.
Jasione montana, L. CC.
Vaccinium myrtillus, L. AC.
Utricularia vulgaris, L. RR.
        neglecta, Lehm. RR.
        minor, L. RR.
Anagallis tenella, L. CC.
Centunculus minimus, L. RR.
Gentiana pneumonanthe, L. RR.
Myosotis versicolor, Pers. CC.
Antirrhinum oruntium, L. C.
Digitalis purpurea, L. CC.
Veronica verna, L. AC.
        scutellata, L. C.
Pedicularis silvatica, L. CC.
        palustris, L. CC.
Stachys arvensis, L. CC.
Rumex acetosella, L. CC.
Polygonum minus, Huds. AC.
        fagopyrum, L. cult.

        tataricum, L. cult.
Betula verrucosa, Ehrh. CC.
Alisma repens, Cav. C.
        ranunculoïdes, L. RR.
Asphodelus sphærocarpus, Gr.
        God. RR.
Spiranthes æstivalis, Rich. RR.
Potamogeton obtusifolius, Mert.
        C.
Juncus pygmæus, Thuil. RR.
Luzula silvatica, Gaud. R.
        multiflora, Lej. C.
Scirpus ffuitans, L. R.
Eleocharis multicaulis, Dietr. R.
Rhynchospora alba, Vahl. C.
Carex teretiuscula, Good. RR.
        pseudocyperus, L. RR.
Agrostis pumila, L. AC.
        canina, L. CC.
Holcus mollis, L. CC.
Vulpia pseudomyuros, Soy. W.
        CC.
Secale cereale, L. cult.
Polystichum oreopteris, DC. RR.
Pteris aquilina, L. CCC.

Enfin, une troisième liste comprendrait les plantes silicicoles les moins attachées à la silice. Ce sont des calcifuges presque indifférentes, bien que cependant elles croissent plus nombreuses sur les terrains privés de calcaire :

Nasturtium amphibium, Br. R.
        silvestre, Br. RR.
        palustre, DC. C.
Cardamine hirsuta, L. C.
Brassica cheiranthus, Vill. CC.

Raphanus raphanistrum, L. CC.
Viola tricolor, L. CC.
Polygala vulgaris, L. CC.
Dianthus prolifer, L. AR.
Lychnis vespertina, Sib. C.

Stellaria holostea, L. CC.
Cerastium aquaticum, L. RR.
Linum gallicum, L. RR.
Malva moschata, L. C.
Hypericum tetrapterum, Fr. C.
Rhamnus frangula, L. CC.
Genista pilosa, L. CC.
Trifolium arvense, L. CC.
    striatum, L. R.
Lotus uliginosus, Schk. CC.
Prunus padus, L. RR.
Epilobium roseum, Schr. RR.
Œnothera biennis, L. R.
Isnardia palustris, L. C.
Myriophyllum spicatum, L. RR.
Sedum elegans, Lej. AC.
Sempervivum arachnoideum, L.
    RR.
Umbilicus pendulinus, DC. AC.
Saxifraga granulata, L. AC.
Chrysosplenium alternifolium, L.
    RR.
Œnanthe fistulosa, L. RR.
    peucedanifolia, Pol. C.
Peucedanum parisiense, DC. RR.
    oreoselinum, Mœnch. RR.
Valeriana dioïca, L. CC.
Scabiosa succisa, L. CC.
Solidago virga aurea, L. C.
Inula pulicaria, L. CC.
Anthemis nobilis, L. CC.
    arvensis, L. CC.
Tanacetum vulgare, L. R.
Gnaphalium uliginosum, L. CC.
    dioïcum, L. RR.
    silvaticum, L. C.
Senecio viscosus, L. R.
Cirsium palustre, Scop. CC.
    bulbosum, DC. R.

Serratula tinctoria, L. RR.
Scorzonera plantaginea, Schl.
    CC.
Crepis paludosa, Mœnch. AC.
Hieracium umbellatum, L. C.
Phyteuma spicatum, L. AC.
Campanula patula, L. CC.
Lysimachia nemorum, L. C.
Ilex aquifolium, L. CC.
Erythrœa pulchella, Fries. RR.
Menyanthes trifoliatà, L. CC.
Solanum nigrum, L. C.
Verbascum blattaria, L. RR.
Linaria striata, DC. CC.
Gratiola officinalis, L. RR.
Mentha pulegium, L. C.
Amaranthus silvestris, Desf. RR.
Chenopodium polyspermum, L.
    AC.
    acutifolium, W. Sm. C.
    hybridum, L. R.
Euphorbia stricta, L. R.
    hyberna, L. AR.
Salix aurita, L. CC.
Scilla autumnalis, L. R.
Orchis laxiflora, Lamk. C.
    sambucina, L. RR.
    latifolia, L. AR.
    maculata, L. CC.
Sparganium simplex, Huds. C.
Juncus conglomeratus, L. C.
    effusus, L. CC.
    silvaticus, Reich. CC.
Cyperus flavescens, L. AC.
    fuscus, L. RR.
Eriophorum vaginatum, L. RR.
    gracile, Kock. RR.
    angustifolium, Roth. CC.
    latifolium, Hop. ?

Scirpus setaceus, L. AC.
Eleocharis acicularis, R. BR. R.
Carex disticha, Huds. RR.
    vulpina, L. C.
    paniculata, L. R.
    pallescens, L. AC.
    panicea, L. CC.
    Œderi, Ehrh. C.
    ampullacea, Good. C.
    vesicaria, L. AC.
    hirta, L. AC.
Panicum crus galli, L. C.
Digitaria sanguinalis, Scop. AC.

Agrostis vulgaris, With. CC.
Aira multiculmis, Dum. AC.
Molinia cœrulea, Mœnch. C.
Festuca rubra, L. CC.
Bromus tectorum, L. ?
Polypodium vulgare, L. CC.
    dryopteris, L. AR.
Asplenium adianthum-nigrum, L. C.
Blechnum spicant, Roth. C.
Equisetum palustre, L. C.
    limosum, L. CC.
Lycopodium clavatum, L. AC.

Ainsi, sur 326 espèces à préférences connues, nous en trouvons 266 dites silicicoles, soit que la silice les attire, soit simplement qu'elles y cherchent un asile contre le calcaire ; et parmi elles, 84 au moins sont des intransigeantes qui ne peuvent souffrir une parcelle de chaux. Nous ne recherchons pas la cause de leur préférence, nous prenons acte du fait et nous passons à l'examen des autres, c'est-à-dire de celles auxquelles, d'après l'opinion générale, le calcaire est une condition nécessaire de la vie ou au moins d'une santé vigoureuse.

En commençant par les moins exigeantes, nous dresserons la liste suivante, qui comprend les espèces calcicoles presque indifférentes, cependant plus nombreuses sur le sol calcaire.

Berberis vulgaris, L. X (1) AR.
[Cheiranthus Cheiri, L. X R].
Dentaria pinnata, L. O RR.
Biscutella lævigata, L. X RR.
Thlaspi arvense, L. O R.

Lepidium graminifolium, L. X RR.
Draba muralis, L. O RR.
Lunaria rediviva, L. O RR.
Helianthemum vulgare, Gærtn. X (2) C.

(1) Dans cette liste et dans les deux suivantes, la lettre X indique les plantes appelées par Thurmann, xérophiles ; la lettre H, les hygrophiles ; et O, les indifférentes.

(2) M. Vallot regarde cette espèce comme indifférente.

Genista sagittalis, L. *X* C.
Trifolium medium, L. *O* RR.
Sedum album, L. *X* RR.
Eryngium campestre, L. *O* RR.
Buplevrum rotundifolium, L. *O* RR.
Fœniculum officinale, All. *X* RR.
Anthriscus vulgaris, Pers. *O* R.
Sambucus ebulus, L. *O* C.
Petasites riparia, Jord. *H* RR.
Arthemisia absinthium, L. *O* RR.
Filago spathulata, Presl. *O* R.
Carlina vulgaris, L. *X* CC.
Tragopogon major, L. *O* RR.
Picris hieracioïdes, L. *X* AR.
Pulmonaria tuberosa, Schr. *X* AR.
Myosotis silvatica, Hoffm. *O* CC.
Verbascum lychnitis, L. *X* AC.
    album, Mill. *X* AC.
[Linaria cymbalaria, L. *O* RR.]

Melampyrum arvense, L. *O* RR.
[Salvia sclarea, L. *O* RR.]
Melittis grandiflora, Smith, *X* ? AC.
Polychnemum arvense, L. *O* RR.
Polygonum Bellardi, All. *O* RR.
Daphne mezereum, L. *O* RR.
Mercurialis perennis, L. *O* R.
Juniperus communis, L. *X* CC.
Phalangium liliago, Schreb. *X* RR.
Polygonatum vulgare, Desf. *O* RR.
Tamus communis, L. *O* C.
Ophrys arachnites, Hoffm. *X* RRR.
    apifera, Sm. *X* RRR.
Carex glauca, Scop. *O* ?
[Asplenium ruta-muraria, L. *O* AC].

A mesure que le besoin de calcaire augmente pour certaines espèces, le nombre de ces espèces diminue chez nous. Ainsi, au lieu des 39 plantes calcicoles presque indifférentes portées sur la liste précédente (1), on ne trouve plus que 14 noms sur la liste suivante, qui comprend les espèces pouvant à la rigueur se propager sur les terrains où la présence du calcaire n'est pas décelée par les acides, mais alors plus rares et souvent moins vigoureuses que sur le calcaire :

Helleborus fœtidus, L. *X* R.
Hypericum hirsutum, L. *O* R.
Tussilago farfara, L. *H* AC.
Inula conyza, DC. *X* AC.
Lactuca virosa, L. *O* RR.

Campanula glomerata, L. *X* R.
Digitalis lutea, L. *X* R.
Calamintha officinalis, Mœnch. *X* CC.
Galeopis ladanum, L. *O* CC.

(1) Je néglige les 4 espèces entre [ ], dont l'habitat est purement factice, et qui trouvent ainsi artificiellement le calcaire dont elles ont besoin.

Buxus sempervirens, L. *X* R.
Scilla bifolia, L. *0* AC.
Carex tomentosa, L. *0* RR.

Ceterach officinarum, L. *X* R.
Asplenium Halleri, DC. *X* RR.

Si, enfin, on recherche les espèces calcicoles tellement exclusives qu'elles ne se rencontrent jamais qu'accidentellement, et sans s'y propager, sur les terrains assez pauvres en calcaire pour ne produire à froid aucune effervescence avec les acides, on en trouve trois seulement :

Hippocrepis comosa, L. *X* RRR.
Vincetoxicum officinale, Mœnch. *X*. R.

Melica nebrodensis, Parl. *X* RRR.

Un seul regard de comparaison jeté sur la longueur respective de ces listes suffit à montrer le triomphe éclatant de la flore silicicole sur la flore calcicole ; la victoire s'accentue si, au lieu de compter simplement le nombre des espèces, on fait entrer en ligne le nombre des individus. Parmi les plantes très communes — toujours parmi celles à préférences connues — on en trouve 32 appartenant à la série des silicicoles absolument exclusives, 27 à celle des silicicoles moins exclusives, et enfin 30 à celle des silicicoles ordinaires ; 29 plantes communes appartiennent à la première série, 17 à la seconde, 39 à la troisième ; c'est-à-dire que 174 plantes communes ou très communes sont des plantes de la silice.

Les plantes calcicoles n'ont, au contraire, à offrir que 9 espèces communes, et seulement 5 très communes. De plus, plusieurs des espèces calcicoles, 10, n'ont chacune qu'une seule station dans tout le département.

Quelque rare cependant que soit la présence des plantes calcicoles, la chaux leur est indispensable ; il y a là un problème à résoudre. Nous avons déjà traité la question dans un autre travail et montré que la chaux n'est pas aussi étrangère aux terrains primitifs qu'on serait disposé à le croire. Ici, nous nous contenterons de faire remarquer qu la plupart des espèces calcicoles indifférentes ou presque indifférentes, et les exclusives, sans exception, sont cantonnées sur le terrain carbonifère et sur l'amphibolite. Pourrait-on citer des faits plus curieux que la présence inattendue de l'*Hippocrepis comosa*, à une si grande distance de ses autres stations connues, sur les bords du ruisseau de Mauque, près Glénic (1); ou encore que la rencontre de l'*Helleborus fœtidus* profitant, pour s'y installer, du lambeau restreint d'amphibolite qui occupe les environs de Combrand, près du Bourg-d'Hem (2) ?

La présence d'espèces calcicoles sur ces terrains est facile à expliquer. Le terrain carbonifère, en particulier sur les points où se concentrent nos plantes, a fourni à M. Pierre de Cessac — et il m'a été permis de vérifier le fait pour certaines localités — de nombreux échantillons de chaux carbonatée. On sait aussi que les roches amphiboliques, surtout de la nature de celles de la Creuse, renferment des calcaires de plusieurs sortes. Du côté d'Evaux notamment, M. Pierre de Cessac a trouvé la roche traversée en tout sens par des veines de calcaire spathique, avec débris d'encrinite, et par d'autres veines de chaux carbonatée d'un blanc pur.

Ainsi, que l'on mette le nombre des espèces silicicoles en regard de celui des espèces calcicoles, ou que l'on tienne compte de la fréquence relative des plantes appartenant à ces deux catégories, on est amené à reconnaître l'influence considérable du sol sur la nature de

(1) La station la plus voisine que je connaisse est celle des Lacs, près la Châtre, indiquée par M. Chastaingt. Il est probable cependant que l'*Hippocrepis* se rencontre aussi sur le terrain calcaire qui se montre autour d'Argenton.

(2) M. Mallard, membre de l'Académie des Sciences et professeur à l'Ecole des Mines, a eu l'obligeance de mettre à ma disposition la minute au 80,000ᵉ de la carte géologique de la Creuse, qu'il a dressée alors qu'il était ingénieur dans le département; c'est grâce à cette communication que mon attention a été attirée sur la cause de la présence de l'*Helleborus* à Combrand. Je cite ce fait pour montrer combien sont précieuses, pour l'étude de l'influence du sol sur la végétation, des cartes géologiques à une grande échelle. Malheureusement, la carte de M. Mallard restera inédite, et d'après ce que m'a dit l'éditeur concessionnaire du Ministère des Travaux publics, les feuilles de la *Carte géologique détaillée* concernant la Creuse ne paraîtront pas d'ici à longtemps.

la végétation. En outre, les propriétés chimiques de certains terrains peuvent seules expliquer des faits, à première vue extraordinaires, relatifs à la présence de plantes rares sur des points déterminés. A côté de ces actions provenant de la nature du sol, il en est d'autres qui favorisent l'expansion de certaines espèces, mais qui rejettent impitoyablement, loin des lieux où elles s'exercent, certaines autres espèces. La plus puissante peut-être est l'altitude, l'un des grands facteurs du climat.

III

Influence de l'altitude et du climat

Pour permettre d'étudier l'influence du sol sur la végétation, il a fallu une courte description du département à un point de vue spécial ; de même, pour se rendre compte de l'influence exercée par l'altitude, une description au point de vue de l'orographie est indispensable. Notre pays, en effet, est presque un pays de montagnes ; la Marche termine sur un point, du côté du nord et de l'occident, le grand massif central.

En descendant vers les plaines du Berry, les monts d'Auvergne rencontrent le département de la Creuse, ils y pénètrent par le sud-est, du côté de Crocq. C'est là que se trouvent les points les plus élevés du département ; l'altitude des sommets varie de 900 à 931 mètres. Du côté de l'ouest s'étend, sur les cantons de Gentioux et de Royère — séparant ainsi le Taurion de la Vienne — une chaîne dont un sommet, le signal de Groscher, près de Gentioux, atteint 906 mètres ; à Soubrebost, la hauteur est encore de 727 mètres. Toute la partie sud de la Creuse est un haut plateau accidenté dont l'altitude se maintient en général au-dessus de 750 mètres.

Des hauteurs du sud-est, plusieurs chaînes de montagnes s'inclinent en se dirigeant vers le nord. L'une sépare le Cher de la Tarde ; de 800 mètres, elle descend graduellement à 450 mètres, près d'Evaux. Une autre sépare le bassin de la Creuse de ceux de la Tarde et de la Petite-Creuse ; elle court tout le long de la rive droite de la Creuse, et, après avoir coupé la chaîne de Toulx, elle vient finir par 300 mètres d'altitude, à l'embouchure de la Petite-Creuse, près de Fresselines.

Parallèlement à cette dernière chaîne, une autre ligne de hauteurs suit la rive gauche de la Creuse qu'elle sépare du Thaurion et de la Gartempe. Son point de départ est Pigerolles ; elle se termine au-delà de Saint-Vaury. C'est à cette ligne dont un sommet, le puy d'Hiverneresse, près de Gioux, atteint 854 ^{m}, qu'appartiennent les montagnes bien connues des guérétois et des touristes, le signal de Peyrabout (687 ^{m}), le Puy-de-Gaudy (651 ^{m}), le Maupuy (686 ^{m}), et le Mont-Bernage, dont la silhouette si pittoresque est presque célèbre sous le nom des Trois-Cornes de Saint-Vaury (636 ^{m}) (1). Au-delà, cette chaîne se dirige vers Dun ; mais avant d'y arriver, elle se heurte contre une autre chaîne qui lui est perpendiculaire.

Cette chaîne est celle de Toulx-Sainte-Croix (655 ^{m}) (les Pierres-Jaumâthres, 595 ^{m}) qui va finir à Saint-Aignant-de-Versillat (433 ^{m}); elle est coupée — fait à noter au point de vue de la flore — par la vallée du Verraux, en amont de Jalesches et de Clugnat, et par celle de la grande Creuse à Anzème et au Bourg-d'Hem ; le sommet le plus intéressant est le Puy-de-Chabannes (547 ^{m}), près de Dun-le-Palleteau. Parallèlement à la chaîne de Toulx, un autre bombement, qui court de l'est à l'ouest, vient de Saint-Marien (504 ^{m}), passe par Bussière-Saint-Georges, Nouzerines (454 ^{m}), la Forêt-du-Temple (441 ^{m}) et Aigurande (426 ^{m}) ; le versant nord est dirigé vers le Berry, le versant sud s'incline doucement vers le lit de la Petite-Creuse.

En résumé, les sommets de 900 mètres et plus se trouvent dans les cantons de la Courtine (forêt de Chateauvert, 931 mètres), et de Gentioux ; ceux de 800 à 900 mètres dans les cantons de Crocq et

(1) Dans le canton d'Ahun, de cette chaîne se détache une ramification qui sépare la Gartempe du Taurion ; ses points les plus élevés sont près de la Chapelle-Taillefert (678 m.) et, à l'autre extrémité, le célèbre Mont-Jovis (607 m.).

de Royère ; ceux de 700 à 800 mètres, dans les cantons de Bourganeuf et d'Auzances ; ceux de 600 à 700 mètres, dans les cantons d'Aubusson, Guéret, Boussac, Saint-Vaury et Bénévent ; ceux de 500 à 600 mètres, dans les cantons de Châtelus-Malvaleix et de Dun ; ceux de 400 à 500 mètres, dans les cantons de Bonnat (signal, 489 mètres) et de la Souterraine. Dans tout le département on ne trouve pas une seule commune qui ne possède un ou plusieurs sommets atteignant 300 mètres. La commune de Crozant où se trouve le point le plus bas du département, a encore un village, les Places, situé à 312 mètres d'altitude ; et la crête des coteaux de la rive gauche de la Creuse, au moment où elle pénètre dans le département de l'Indre, est à une altitude variant de 280 à 310 mètres au dessus du niveau de la mer, dominant ainsi d'environ 120 mètres le lit de la rivière, qui se trouve seulement à 175 mètres (1).

On voit que l'inclinaison totale du territoire, dont le sens est indiqué par le cours même de la rivière qui prête son nom au département (2), serait donnée par un fil tendu, dont une extrémité s'appuierait sur une cîme de la forêt de Châteauvert (931 mètres), près de la Courtine, et l'autre sur les sables de la Creuse, au pied des rochers qui supportent les ruines de Crozant ; la différence de niveau entre les deux points d'attache n'est pas moindre de 756 mètres.

Le département de la Creuse est situé dans une région de la zône tempérée, où le soleil est déjà chaud ; mais l'altitude où sont placés les divers étages de son territoire lui donne un climat plus rude que celui dont il devrait jouir. Deux autres causes contribuent à faire ce climat dur et brusque ; d'abord, l'imperméabilité du sol, qui

(1) Ou à 192 mètres, d'après M. Legrand *(Flore du Berry)*. Cet auteur prend sans doute le point où la limite du département de l'Indre franchit la Creuse ; en fait, la rive gauche continue pendant assez longtemps à faire partie de notre département.

(2) C'est là l'inclinaison générale, mais les bassins de la Voueize et de la Tarde sont inclinés vers l'est, ceux de la Gartempe, du Thaurion et de la Maulde, vers l'ouest.

rend le pays humide et froid (1) ; puis, le combat incessant que se livrent sur ce coin de terre les deux régimes des vents de la mer et de ceux venus du continent. De ces causes réunies, il résulte un climat irrégulier, avec des écarts brusques et profonds. « C'est cette variabilité même, dit un auteur limousin, qui donne à ce climat sa physionomie propre en en faisant, nous devons l'avouer, un climat peu agréable et difficilement supporté des étrangers (2) ». « Le département, écrit Ad. Joanne, est exposé à de brusques changements de température ; l'air y est vif, mais généralement humide ; les hivers y sont longs et précoces, l'été assez court (3) ». « Le climat Limousin ou climat Auvergnat, ajoute Onésime Reclus, a des hivers très froids ; l'été, par contre, est violent dans les vallées, les gorges fermées aux soufles de l'air, mais sur les hautes plaines, la bise, âpre, brusque, inattendue, vagabonde, tempère souvent les ardeurs du soleil, et l'altitude des lieux donne, même aux jours les plus enflammés, des matins froids, des soirées fraîches, des heures perfides (4) ».

Le climat n'est pas également froid dans toutes les parties du département ; il varie un peu suivant les étages du sol. C'est dans le sud, au delà d'Aubusson et du côté de Royère, qu'il est le plus dur ; cependant pour retrouver la température moyenne de Guéret (9°20, pendant les années 1878-1887), qui est plutôt supérieure qu'inférieure à celle du reste du département, il faut remonter plus de trois degrés vers le nord, au delà de Paris (9°81, température moyenne de Paris). Il semblerait qu'en approchant du département de l'Indre, qui jouit en partie du *climat girondin*, c'est-à-dire d'un

(1) Cette imperméabilité provient non seulement de la texture de la roche sans fissures, mais encore, comme le fait remarquer M. Fasquelle *(Géologie agricole de la Corrèze)*, de ce que le sous-sol, composé d'un tuf jaunàtre qui provient de la décomposition de la roche, est lui-même très imperméable.

(2) Dans l'article *Climatologie*, publié dans *le Limousin* (Limoges, 1890), M. Paul Garrigou-Lagrange a décrit d'une façon très exacte le climat de nos contrées.

(3) *Géographie de la Creuse*, Ad. Joanne, p. 23, Paris, 1882.

(4) *En France*, par Onésime Reclus, Paris, 1887, p. 431.

climat généralement doux et agréable, la température dût s'élever ; mais, grâce aux hauteurs qui existent dans cette région, elle reste sensiblement égale à celle de l'ensemble du département.

On conçoit l'influence que de telles conditions de milieu doivent exercer sur la végétation. Pour n'en citer qu'un exemple, il y a une différence de 17 jours dans l'époque de la feuillaison du chêne, entre Guéret et Limoges, qui est soumis au même climat froid, extrême, mais dont l'altitude (261 mètres) est très inférieure à celle de Guéret (1). Aucune espèce de la flore méridionale ne pénètre chez nous ; et, parmi les plantes de l'ouest de la France, quelques-unes seulement, *Viola lancifolia, Lobelia urens, Asphodelus sphærocarpus,* etc., se retrouvent dans nos landes : elles sont toutes localisées dans la région du bassin de la Petite-Creuse.

Les montagnes de la Creuse, continuant celles de l'Auvergne, participent à sa flore. Sur les plateaux les plus élevés du côté de la Courtine, de Saint-Oradoux de Chirouze, de Gentioux, etc., on rencontre des espèces véritablement montagnardes : *Veratrum album, Thesium alpinum, Alchemilla vulgaris, Dianthus silvaticus, alpestris* et *monspessulanus, Sorbus aria, Prunus padus, Sedum hirsutum, Angelica pyrenœa, Centaurea montana, Gentiana campestris, Crepis paludosa, Salix pentendra* (ces deux dernières descendent jusqu'à Felletin) *Daphne mezereum, Lycopodium Chamæcyparissus, Lilium martagon* qui descend jusqu'à Aubusson, avec *Erythronium dens canis.*

D'autres espèces qui, par leur abondance, caractérisent les parties hautes du département, dans les arrondissements d'Aubusson et de Bourganeuf, se retrouvent dans les régions plus basses, mais elles sont alors beaucoup plus rares et comme dépaysées. On connaît entre Felletin et Aubusson une station de *Lunaria rediviva,* espèce des hautes montagnes ; le *Dentaria pinnata,* des Monts-Dôme et du Mont-Dore, croît près d'Aubusson et sur les bords de la Tarde, au delà de Chambon. *Viola Paillouxi,* abondant dans les moissons

---

(1) Les dates sont : 22 avril à Guéret ; 9 mai à Limoges. Ces chiffres sont donnés par M. Garrigou-Lagrange.

de la haute Creuse, n'est pas rare à Maupuy, près de Guéret. *Stellaria nemorum,* commun en Auvergne, a été trouvé par le docteur Pailloux à Aubusson, par M. Lamy à Bourganeuf, et je l'ai revu dans la forêt de Chabrières. *Hypericum quadrangulum* est abondant dans la haute Creuse, très rare au contraire dans les parties plus basses. De même, *Genista pilosa,* commun dans les régions élevées du sud, l'est aussi sur la montagne de Toulx-sainte-Croix, à Peyrabout et à Saint-Christophe ; aux environs de Guéret on le trouve encore assez fréquemment et il descend jusqu'à Anzême. Sur les bords du ruisseau du Sanglier, dans les bois de Guéret, j'ai vu le très rare *Chrysosplenium alternifolium. Asperula odorata* se retrouve à Badant et au Mouchetard, près Guéret. *Sambucus racemosa* qui, dans l'Auvergne, s'élève jusqu'à la zône supérieure de la région des sapins et descend jusqu'à la limite des hêtres, s'observe, dans la Creuse, dans la forêt de Chabrières, à Saint-Vaury, et à Chambonchard. *Ranunculus aconitifolius* descend à une altitude d'environ 400 mètres, du côté de Guéret, de Saint-Silvain-Montaigut et de Mourioux ; et *Dianthus Seguieri,* plus bas encore, à Ahun et à Clugnat.

Une plante essentiellement montagnarde, dont la station babituelle est de 1,000 à 1,800 mètres, et qui a été trouvée dans le Cantal à 600 mètres d'altitude seulement (1), l'*Arnica montana,* est commune dans la haute Creuse, et se voit à Saint-Léger et au Masaudoueix, près de la Brionne ; le point le plus bas où je l'ai observée est entre Fayolle et Pisseratte, près Guéret, à 510 mètres d'altitude environ. Le *Doronicum austriacum,* qui monte en Auvergne jusqu'à 1000 mètres et qui est abondant au delà d'Aubusson, n'est pas très rare dans la basse Creuse ; je n'en connais pas de station au dessous de Vallette, près de Saint-Fiel. *Senecio cacaliaster,* dont la station habituelle est de 1,000 à 1,700 mètres d'altitude, descend jusqu'au bois de Confolent, aux environs d'Aubusson ; *Jasione perennis,*

(1) Par **M.** Malvezin, conducteur serre-freins du chemin de fer d'Orléans, lequel a trouvé bien des raretés dans les montagnes du Cantal. On ne connaît dans la plaine que deux stations d'*Arnica montana,* l'une à Haguenau (Bas-Rhin), l'autre dans les Landes, et ces deux stations sont au pied de montagnes élevées.

plante des montagnes élevées, est assez commune à Maupuy, près Guéret.

Le myrtille, *Vaccinium myrtillus*, si abondant en Auvergne et dans la haute Creuse, se retrouve dans les bois de Guéret, près de Badant, et du côté de Saint-Léger, sur les Trois-Cornes de Saint-Vaury et enfin au Puy de Chabannes près de Dun, toujours, comme on le voit, à une altitude assez élevée ; à peu près celle où il descend dans l'Allier (550 mètres), dans la forêt des Colettes. Le *Pyrola minor* se trouve seulement du côté d'Aubusson, et peut-être dans la forêt de Guéret. Une plante qui garnit les landes des hauts plateaux d'Auvergne, la Gentiane jaune, *Gentiana lutea*, et qui dans cette région descend dans quelques vallées jusqu'à 700 mètres, sans dépasser inférieurement la région du hêtre, est commune dans la haute Creuse et croit plus rare près d'Aubusson. Deux charmantes fougères des montagnes, *Polypodium phægopteris* et *dryopteris*, se retrouvent la première jusqu'au Theil, commune de Lépinas, et la seconde à Maupuy et même à Anzème.

A côté de ces espèces, descendues des monts d'Auvergne sur les plateaux du bassin supérieur de la Creuse, puis de là sur quelques points plus bas encore, un certain nombre d'autres espèces, qui ne franchissent point dans la direction de la plaine les bornes du département, contribue à donner à la flore de la Creuse un caractère particulier ; cette flore est celle que Boreau appelait la flore des montagnes de troisième ordre. Parmi les plantes semi-montagnardes ainsi répandues un peu partout dans le département, aussi bien dans les parties basses que dans celles plus élevées, on peut citer les espèces suivantes : *Isopyrum thalictroïdes, Cardamine silvatica* qui, d'autre part, remonte jusque dans les hautes vallées des montagnes, *Viola palustris, Geranium silvaticum* et *pyrenaïcum, Comarum palustre, Sanguisorba serotina, Sorbus aucuparia*, qui se trouve en Auvergne dans les bois des terrains granitiques seulement depuis 800 mètres d'altitude, *Sedum villosum, Sempervivum arachnoïdeum, Ribes alpinum, Doronicum pardalianches, Senecio artemisiæfolius, Fuchsii, Oxycoccos palustris, Lysimachia nemorum, Polygonum bistorta, Scilla lilio-hyacinthus, Maïanthe-

mum bifolium, Carex teretiuscula, limosa, etc., Galium saxatile, qui descend des montagnes dans l'Allier jusque dans la forêt des Colettes, près de Bellenave, est commun dans les bruyères de la Creuse.

Telle est la flore que donne au département son altitude. Mais, de même que l'action du climat se trouve contrariée par les conditions propres à chaque station (1), de même l'influence générale exercée par l'altitude est souvent modifiée par des causes particulières. Ainsi, les rivières sont à un niveau bien inférieur au niveau moyen des pays qu'elle sillonnent; profondément encaissées entre des murailles de rochers, leurs vallées sont abritées des vents froids et des changements brusques, et çà et là on rencontre de véritables petites provences. Plusieurs espèces, venues des montagnes qui dominent les sources, descendent en suivant le fil de l'eau ; d'autres, au contraire — le fait est peut-être difficile à expliquer, mais il a été fréquemment constaté — remontent le courant. Pour ces différents motifs, les vallées de nos cours d'eau, surtout de la Creuse, de la Petite-Creuse et du Cher, se trouvent offrir une réunion de plantes tellement distincte de la végétation des plateaux, que, si l'on veut donner une idée exacte de la répartition des végétaux sur notre sol, on ne peut se dispenser de signaler à part les espèces de ces localités privilégiées.

IV

Les flores des vallées (2)

Outre les cours d'eau dont il vient d'être parlé — les deux Creuse et le Cher — il en est quelques autres, la Voueize, la Tarde, la Maulde, le

(1) Sur le coteau de Glénic, j'ai vu, dès les premiers jours de mai, en pleine fleur, une plante, le *Silybum marianum*, qui fleurit normalement en juillet-août ; il m'est arrivé aussi de trouver plusieurs années de suite, près Bournazeau sur la route d'Anzème, sur un talus bien abrité au midi, le Genêt à balais fleuri dès les premiers jours de mars.

(2) On trouvera sans doute ce chapitre un peu trop développé pour le sujet auquel il est consacré. Mais, dans notre pays, l'intérêt de la

Taurion, et plusieurs ruisseaux moins importants, dont les vallées présentent de l'intérêt au point de vue de la flore.

La Creuse, qui naît près de Féniers, au pied d'une montagne de 920 mètres, entraîne avec elle le long de sa vallée, presque partout dominée par des escarpements de deux ou trois cents mètres d'élévation, un certain nombre d'espèces des hauts plateaux voisins de sa source. Nous avons déjà eu l'occasion d'en citer la plupart ; mais ce que nous voulons faire remarquer ici, c'est que, à mesure que l'altitude baisse, ces plantes se cantonnent sur les bords mêmes, ou sur les coteaux de la rivière et de ses affluents. Ainsi *Senecio cacaliaster*, du Mont-Dore et du Cantal, que l'on trouve dans le département, au bois de la Feuillade, près de Faux-la-Montagne, se retrouve dans le bois de Confolent, près d'Aubusson, à 525 mètres d'altitude environ ; près de là, croissent sur les coteaux de la Creuse, ou dans le vallon du ruisseau de Beauze son affluent, *Dentaria pinnata*, *Lunaria rediviva*, *Stellaria nemorum*, *Centaurea montana*, *Pyrola minor*, *Lilium martagon*, *Knautia silvatica*, *Erythronium dens canis*.

D'autres espèces se laissent transporter plus bas encore. *Doronicum austriacum* suit fidèlement la Creuse, et sans en quitter les rives, jusqu'au dessous de Glénic, à une altitude de 290 mètres. *Ranunculus aconitifolius*, commun dans la région des montagnes, se trouve à Glane, le long de la Naute, petit affluent de la Creuse, à 330 mètres d'altitude. *Geranium silvaticum*, que l'on voit au Puy-de-Dôme et au sud du département, est assez commun le long de la Creuse ; *Sempervivum arachnoïdeum*, des Monts-Dore, se retrouve à Felletin, à Aubusson sur les rochers du quai de Vaveix, et sur ceux de Glénic (?) ; *Polygonum bistorta* est commun dans toute la vallée de la Creuse où il descend jusqu'à Saint-Fiel ; *Scilla liliohyacinthus*, si abondant dans les montagnes et dans la forêt de Guéret, suit aussi les bords de la Creuse et on le trouve, à Felletin,

flore est surtout concentré dans les vallées des principaux cours d'eau ; énumérer, avec indication des localités, les plantes qui y croissent, c'est préparer un manuel, presque complet, pour les herborisations.

à Aubusson, à la Villatte-Sainte-Marie, au Pont-à-la-Dauge, à Croze et à Valette.

Avant d'arriver à Aubusson, la Creuse a reçu plusieurs affluents, le ruisseau de Pigerolles, le Gourbillon, le ruisseau de Clairavaux, la rivière de Poussanges, la Rozeille, qui ont tous leur source à une grande altitude et qui présentent de l'intérêt au botaniste parce qu'à travers des plateaux désespérants par l'uniformité de leur végétation, c'est seulement sur leurs bords ou sur ceux de leurs petits affluents, au milieu des prairies et des bois, qu'il peut espérer récolter les raretés de la flore de la haute Creuse : *Veratrum album, Senecio cacaliaster, Artemisia vulgaris, Angelica pyrenœa, Salix pentendra, Thesium alpinum, Erythronium dens canis, Eriophorum vaginatum.*

Aux environs et en amont d'Aubusson, la vallée inférieure de la Rozeille et le vallon du ruisseau de Beauze contiennent quelques espèces rares ; en aval de la même ville, après les bois de la rive gauche si intéressants par leur flore, la pittoresque vallée de Trenloup, parcourue par le ruisseau venu de la Borne, sans présenter beaucoup de raretés, mérite une visite pour la grande quantité d'espèces semi-montagnardes qu'elle réunit.

Outre les plantes que la vallée de la Creuse abrite, parce qu'elles sont venues avec elle de la montagne, il en est d'autres qui y ont élu domicile, soit parce que la faille, qui a donné naissance à la rivière, a mis à nu les terrains qui leur conviennent — par exemple, le terrain carbonifère depuis le Busseau-d'Ahun jusqu'au dessous de Glénic et à Anzème — soit simplement parce que les coteaux bien abrités du vent du nord et chaudement exposés aux rayons du midi, sont les seules stations qui chez nous offrent à plusieurs la température qui leur convient. Ces espèces sont celles qui ont remonté la voie à elles offerte par la vallée de la rivière. Elles se trouvent presque toutes aux environs de Glénic, du Pont-à-la-Dauge, du Pont-à-l'Evêque, près Pionnat ; il y en a qui remontent jusqu'à Aubusson, et même jusqu'à Felletin.

Voici les noms de quelques unes de ces espèces : *Aspidium lanceola-*

tum, sur les rochers de micaschiste à Crozant ; *Spergella subulata*, à Fresselines ; *Dianthus carthusianorum*, commun sur les pelouses sèches des bords de la rivière ; *Genista purgans*, qui, de Crozant, remonte jusqu'à Anzême et Glénic ; *Trifolium Molineri, subterraneum, glomeratum* et *medium, Lupinus reticulatus, Potentilla verna, Astragalus glycyphyllos, Saxifraga granulata* et *penduliflora, Veronica acinifolia, Salix triandra, Scilla autumnalis, Allium sphærocephalum, Carex acuta, Aspidium angulare*, et enfin deux raretés — à des titres différents — *Serapias lingua*, qui ne se retrouve pas ailleurs dans le bassin de la Loire, et *Hippocrepis comosa*, plante commune sur les arides coteaux des pays calcaires, mais dont la présence isolée au milieu du département, loin de toute culture, est si extraordinaire. Ces deux plantes se trouvent sur les pentes du ruisseau de Mauque, près Glénic, et contribuent avec quelques autres espèces, *Genista purgans, Anarrhinum bellidifolium, Spergula Morisonii, Ajuga genevensis, Brunella alba, Nasturtium pyrenaïcum, Scilla autumnalis*, etc., à faire de cette localité une des plus riches en espèces rares. On y rencontre aussi une charmante variété à fleurs blanches du *Myosotis silvatica*.

D'autres espèces ne sont pas absolument cantonnées sur les bords de la Creuse, mais, fort rares ailleurs, leur abondance relative dans la vallée mérite l'attention. Ainsi, *Cardamine impatiens, Saponaria officinalis, Campanula Glomerata, Vincetoxicum officinale, Trifolium striatum, Laserpitium asperum, Sagina apetala, Scleranthus perennis, Umbilicus pendulinus, Viburnum lantana, Ligustrum vulgare, Pulmonaria officinalis, Anarrhinum bellidifolium, Digitalis lutea, Origanum vulgare, Ajuga genevensis, Euphorbia dulcis, Carpinus betulus, Allium ursinum, Phalangium liliago, Orchis bifolia, Carex acuta, Lepidium Smithii, Hypericum hirsutum, Lactuca virosa*, ou bien ne quittent pas le fond de la vallée et les coteaux qui la dominent immédiatement, ou, si on les trouve dans l'intérieur des terres, sont alors d'une extrême rareté. Bon nombre de ces espèces se retrouvent dans des conditions analogues dans les vallées des autres rivières, de la Voueize, de la Tarde, du Cher, et particulièrement de la Petite-Creuse que la Creuse reçoit sur sa rive droite, près de Fresselines, quelques kilomètres avant de sortir du département.

La vallée de la Petite-Creuse n'abrite point de plantes venues des montagnes. La source de cette rivière est seulement à 514 mètres d'altitude, au pied du Puy-Chevrier, non loin de Soumans : son embouchure est à 198 m. Mais comme, dans une grande partie des 65 kilomètres que comprend son cours, elle coule à travers le micaschiste et les roches amphiboliques, sa flore présente un aspect particulier.

Le bassin de la Petite-Creuse a d'abord à offrir des espèces qu'on chercherait vainement ailleurs dans le département: *Clematis vitalba, Viola lancifolia, Helianthemum guttatum, Linum gallicum, Lobelia urens, Lythrum hyssopifolia, Campanula rapunculus, Linaria minor, Asphodelus sphærocarpus ;* et dans la vallée même, *Nasturtium amphibium, Cerastium aquaticum, Inula dysenterica, Euphorbia stricta ;* sur les coteaux, *Polychnemum arvense,* et dans les fentes des rochers, *Asphenium Breynii ;* enfin, sur un escarpement près de Nouzerolles, *Herniaria glabra,* qui se retrouve tout près de là, sur les coteaux de la grande Creuse, à Fresselines.

Puis, certaines espèces, qui se voient en quelques autres localités, mais rares et disséminées, se trouvent dans le bassin de la Petite-Creuse si abondantes qu'elles peuvent être considérées comme en caractérisant la flore au même titre que les précédentes. Ce sont : *Ligustrum vulgare, Carpinus betulus, Ruscus aculeatus, Orchis bifolia, Brunella alba,* et *pinnatifida. Origanum vulgare, Hypericum hirsutum, Campanula glomerata, Digitalis lutea, Helleborus fœtidus ;* et sur le bord même des eaux, *Cardamine impatiens, Lysimachia nummularia, Senecio erraticus. Euphorbia dulcis. Osmunda regalis.* Enfin, on y trouve encore, plus ou moins communes, les espèces suivantes : *Lepidium Smithii, Reseda luteola, Trifolium striatum, Eryngium campestre, Vincetoxicum officinale, Saponaria officinalis, Phyteuma spicatum, Anarrhinum bellidifolium.*

Un affluent assez important de la Petite-Creuse, le Verraux, sort de l'Etang-Neuf près de la Tour-Saint-Austrille, traverse l'étang de Parsac et se jette dans la Petite-Creuse, près de Malleret. La vallée de cette petite rivière, qui coupe la chaîne des collines de Toulx, offre, aux environs de Jalesches et de Clugnat, quelques bonnes espèces : *Hypericum hirsutum, Lythrum hyssopifolia, Digitalis lutea, Osmunda regalis.* Sur les bords d'un affluent moins important de la Petite-Creuse, le ruisseau d'Aigude, j'ai découvert avec surprise une station étendue d'*Allium ursinum* ; dans la prairie où se trouve son embouchure, on voit une espèce très rare chez nous, l'*Orchis conopsea.*

Les bassins du Cher et de son affluent, la Tarde, qui reçoit la Voueize, occupent l'est du département. Le Cher vient du hameau du même nom, situé dans la commune de Mérinchal, près de Crocq, à 7 ou 800 mètres d'altitude. Dans son bassin supérieur, c'est la flore de la montagne ; mais quand il arrive à séparer la Creuse du Puy-de-Dôme et de l'Allier, du côté de Chambonchard, il possède une flore spéciale, étudiée par M. de Lambertye et par M. Pérard. On trouve dans la vallée : *Hesperis matronalis, Cardamine impatiens, Sambucus racemosa, Luzula silvatica ;* près de l'embouchure du Bouron, *Doronicum pardalianches ;* au moulin Rameau, *Chrysosplenium alternifolium ;* juste au confluent de la Tarde et du Cher, *Sempervivum arachnoïdeum.* Ce sont là les découvertes faites, il y a déjà longtemps, par M. de Lambertye. Plus récemment, M. Pérard a trouvé : *Sedum controversum,* Bor., et *Dianthus Seguieri,* sur les rochers près du bateau du Mas ; au dessus du moulin du Dief, le très rare *Biscutella granitica,* Bor. ; depuis le bateau du Mas jusqu'au dessous du Breuil, *Tilia parvifolia ;* dans les mêmes parages, c'est-à-dire aux environs de l'endroit où le Cher reçoit la Tarde, grossie de la Voueize, *Hypericum hirsutum, Sedum fabaria, Andryala integrifolia, Ajuga genevensis, Luzula Forsteri, Aspidium angulare, Cystopteris fragilis, Asplenium Breynii.*

La Tarde est encore une rivière montagnarde ; elle prend sa source du côté de Basville, dans le canton de Crocq, au sein d'une contrée dont les sommets atteignent 800 mètres d'altitude. Elle entraîne donc à sa suite quelques espèces des plateaux élevés : *Hypericum quadrangulum, Geranium silvaticum, Pirus salvifolia, Phalangium liliago,* enfin, *Aconitum napellus,* que l'on trouve avec le précédent, sur le côteau situé en face des ruines de l'abbaye de Bonlieu.

Après qu'à Chambon la Tarde a reçu son principal affluent, la Voueize, sa flore devient extrêmement remarquable. Sur ses rives, ou sur les rochers qui la bordent, on trouve : *Scleranthus perennis, Campanula glomerata, Vincetoxicum officinale, Linaria vulgaris, Digitalis lutea, Euphorbia Cyparissias, Cardamine impatiens, Luzula silvatica, Rubus nitidus, affinis* et *tomentosus, Potentilla demissa, Poterium muricatum, Sorbus torminalis, Sedum graniticum,* Pér., *Jasione monticola,* Pér., *Betonica brachystachis, Ranunculus auricomus, Nasturtium pyrenaicum, Turritis glabra, Dentaria pinnata, Dianthus Seguieri, Asplenium Halleri* et *Bregnii;* et les trois espèces suivantes, inconnues dans le reste du département : *Oxalis stricta, Lepidium graminifolium* et *Peucedanum oreoselinum.*

Les coteaux et les rives de la Voueize, aux environs de Chambon, offrent aux botanistes une collection de plantes précieuses : *Viola dumetorum, Oxalis corniculata, Laserpitium asperum, Knautia silvatica, Verbascum Schiedeanum, Anarrhinum bellidifolium, Euphorbia Cyparissias, Carpinus betulus, Phalangium liliago, Tragopogon major, Betonica laxata, Lepidium Smithii, Cerastium aquaticum, Hypericum hirsutum, Prunus fruticans, Digitalis purpurascens, Osmunda regalis,* une variété à petites fleurs de l'*Helianthemum vulgare, Viola propera,* Jord., *Hieracium reconditum,* Jord., *Epilobium vagans,* Gandog; *Senecio erraticus* et *Campanula rapunculus,* que l'on trouve aussi sur les bords de la même rivière, à Gouzon, en compagnie de *Verbascum collinum; Eryngium campestre,* venu peut-être des terrains tertiaires où est situé l'étang des Landes. La Voueize reçoit les ruisseaux venus de cet étang, ou plutôt de ce petit lac, car la chaussée de l'étang des Landes n'a pas été faite par la main de l'homme, et de l'étang Pineau. Les bords de ces deux étangs ont une flore un peu spéciale, *Juncus pygmæus,* à l'étang Pincau, *Gratiola officinalis, Alisma ranunculoïdes,* à l'étang des Landes, etc.

Du côté de l'ouest et du sud-ouest, le territoire du département appartient aux bassins de la Gartempe, du Taurion et de la Maulde ; ces deux derniers, affluents de la Vienne. La Gartempe, qui coule dans le département pendant environ 50 kilomètres, a sa source près de Lépinas dans le canton d'Ahun. Sur ses bords, la végétation est parfois d'une vigueur surprenante, mais les espèces intéressantes n'y sont pas nombreuses. Le Taurion vient du canton de Gentioux, où il naît à 869 m. d'altitude, et il a dans le département un cours de plus de 80 kilomètres. De la montagne, il entraîne un certain nombre de plantes, entre autres *Stellaria nemorum*, qu'il a déposé dans le bois de l'ancienne abbaye du Palais, près de Bourganeuf. La partie de sa vallée qui a été explorée avec le plus de soin est la partie inférieure, les environs de Bourganeuf et de Châtelus-le-Marcheix, dans la Creuse, de Saint-Martin-Terressus, dans la Haute-Vienne. Pour ne parler que de ce qui nous concerne, à Châtelus-le-Marcheix, on trouve plusieurs espèces qui méritent une mention : *Littorella lacustris, Osmunda regalis*, et le rare *Narthecium ossifragum*. La Maulde naît aussi près de Gentioux, au pied du Puy-de-Coudreau (874 ^{m}) ; elle est célèbre par la cascade des Jarreaux, l'une des plus belles de France. C'est une vraie rivière de montagne, ses eaux sont très abondantes, son cours rapide, très sinueux. Il est bien probable que ses bords abritent quelques espèces intéressantes, mais ils ont été fort peu explorées, et nous n'avons qu'à citer, encore avec doute, le *Luzula glabrata* que Pailloux y aurait découvert.

Au sud-est du département, se trouve une surface qui n'appartient point au bassin de la Loire. Les eaux de ce coin du département se rendent à des affluents de la Dordogne, la Diège et la Djune, sans compter le Chavanon, qui reçoit la Méousette. La Diège a un cours de 2 kil. seulement dans le département, elle prend sa source tout près de celle de la Creuse, mais se dirige vers le sud, tandis que la Creuse coule droit au nord. Après sa sortie du département, elle reçoit la Courtine, née auprès du Mas-d'Artige. Ces petits cours d'eau sont dignes d'être mentionnés, parce que sur leurs rives M. l'abbé de Cessac a rencontré à peu près toutes les plantes qui caractérisent la haute Creuse, *Thesium alpinum*, *Veratrum album*, etc., et de plus une bizarrerie de la flore, le *Senecio flosculosus*, Jord.

Nous avons terminé l'examen de l'influence exercée sur les végétation de la Creuse par les actions puissantes qui dérivent du sol, de l'altitude et du climat. A côté de cette influence générale qui a distribué les plantes sur l'ensemble du département et réparti chaque espèce dans des stations déterminées, une influence particulière, qui paraît surtout provenir de la nature du sol et de l'humidité du climat — sans parler de la puissance mystérieuse qui fait naître et vivre telle espèce dans un lieu, et non pas dans un autre — a enrichi notre région de formes, pour plusieurs je n'ose pas dire d'espèces, bien distinctes. Ces formes ont été décrites et dotées d'un nom scientifique ; il est impossible de les passer sous silence.

V

Les espèces marchoises

On ne saurait mieux commencer la nomenclature des espèces propres à la Creuse qu'en citant une espèce qui porte le nom même du chef-lieu du département, le Prunier de Guéret, *Prunus varactensis*, Bor. C'est là son nom scientifique, les Creusois le connaissent sous celui de *dindonnier*. M. Dugenest qui a envoyé à Boreau les échantillons d'après lesquels cette espèce a été décrite dans la *Flore du Centre*, distinguait trois formes ou variétés. Le *dindonnier muscat* est un arbre peu élevé et touffu, le fruit est très petit, rugueux, fendillé d'un côté, de l'autre lisse et violacé, sa saveur est musquée ; le *dindonnier* ordinaire a un fruit toujours lisse, petit, vert, avec une saveur crue plus ou moins forte ; le dindonnier à gros fruits, appelé *moissonnier*, est un arbre plus élevé, la fleur est beaucoup plus grande, le fruit double en grosseur, un peu jaune, doux et presque fade. La seule espèce dont le prunier de Guéret se rapproche est le *Prunus cercola*, Reich. Un autre prunier, connu sous le nom de *blanchaud*, spontané également aux environs de

Guéret, a, d'après l'opinion du docteur Dugenest, confirmée par celle de Boreau, le fruit tellement semblable à celui du prunier de Mirabelle, pour la forme et pour la couleur, qu'on l'en distingue seulement par sa saveur fade.

Une plante qui paraît bien spéciale à nos prairies et à nos bois, puisque la récente *Flore de France* de Gillet et Magne ne lui donne pas d'autre habitat que la Creuse, c'est l'ancolie subalpine, *Aquilegia subalpina*, Bor., trouvée par M. l'abbé de Cessac à Montlevade, au Mouchetard, à Saint-Léger-le-Guérétois, à Châtelus-le-Marcheix, et que j'ai vue moi-même dans la forêt de Guéret, près de Badant (1). Cette espèce, qui, par certains caractères, se rapproche de l'*A. hoenkeana*, Koch,, mais qui s'en éloigne par ses grandes proportions et sa tige multiflore, contribuerait grandement à donner à notre flore un caractère d'originalité. Mais est-ce bien une espèce ? M. l'abbé de Cessac, qui l'a découverte et qui l'a envoyée à Boreau, en doute. « Une autre renonculacée, dit-il, qui semble affectionner notre sol, est l'ancolie commune. Elle présente chez nous deux formes distinctes que M. Boreau regarde comme des espèces : l'une croît dans les pâturages secs, sa fleur est plus petite, sa végétation moins vigoureuse ; l'autre, plus rameuse, à feuillage plus large et plus incisé, donne des fleurs larges de 4 à 5 cent., elle croît dans les lieux frais et herbeux. M. Boreau rapporte la première forme à l'*Aquilegia vulgaris* ; et il fait de la seconde une espèce nouvelle, sous le nom d'*A. subalpina*. Je désire que cette espèce puisse être conservée, car elle est spéciale à notre flore, mais je n'ose l'espérer. Si notre première forme est véritablement l'*A. vulgaris*, comme me l'écrivait autrefois le savant botaniste, la seconde ne peut guère en être séparée. C'est une forme remarquable, il est vrai, dont la place est marquée dans nos parterres, mais on ne découvre, ni dans le port de la plante, ni dans sa description, aucun caractère véritablement spécifique : la fleur est plus grande, le feuillage plus large,

____

(1) D'après M. Lamotte, l'*Aquilegia subalpina* ne se trouverait pas ailleurs dans le Plateau Central (*Prodrome*, I, p. 56.)

plus profondément incisé ; c'est là, je crois, l'unique différence et elle est détruite par les plantes intermédiaires (1). »

Une autre espèce bien marchoise, mais qui est, celle-là, une bonne espèce, c'est le *Viola Paillouxi*, que M. Jordan a dédié, avec toute justice, au docteur Pailloux. Ce *Viola* appartient à la section *tricolor*, il est abondant dans les moissons de la haute Creuse, et même à Maupuy, près de Guéret, surtout sur le versant oriental. Dès ses premières herborisations, Pailloux l'avait remarqué et l'appelait *V. tricolor*, var. *saxatilis*. Plus tard, M. Jordan a décrit cette forme ; M. l'abbé de Cessac a cultivé pendant longtemps la plante, sans qu'elle se soit altérée par la culture. Cette espèce est admise aujourd'hui par tous les botanistes ; on la trouve non seulement dans la Creuse, mais dans l'Auvergne, en Saône-et-Loire et dans plusieurs autres contrées.

Aux environs d'Anzême et de Saint-Sulpice-le-Guérétois, M. l'abbé de Cessac a rencontré une plante intermédiaire aux *Stellaria glauca* With. et *Stellaria graminea* L., auxquelles on l'a successivement rapportée. Elle paraissait à notre savant confrère assez distincte de l'une et de l'autre pour pouvoir constituer une espèce, d'autant plus qu'il est certain qu'elle se reproduit sans altération. Elle diffère de *S. glauca* par son port qui la rapproche de *S. graminea*, mais elle diffère de ce dernier par sa teinte glauque et par ses pétales plus longs que le calice, et elle se rapproche ainsi de *S. glauca*. Un fait à noter, c'est qu'on ne la trouve jamais dans les mêmes localités que *S. glauca* qui n'existe pas dans nos limites; ce n'est donc pas un hybride. M. l'abbé de Cessac y voyait une espèce, qu'il appela *Stellaria glaucescens*, T. Cess.; Boreau s'est obstiné longtemps à la nommer *S. graminea* ; cependant il l'a ensuite publiée comme une variété à petites fleurs de *S. glauca*. Cette forme étant constante, rien n'empêche qu'elle soit considérée comme une espèce distincte, au même titre que *S. glauca*, laquelle était aussi aux yeux de Linné une simple variété de *S. graminea*.

(1) *Distribution géographique des Plantes de la Creuse*, par M. l'abbé de Cessac, in *Compte-rendu du Congrès Archéologique et des Assises Scientifiques de Guéret*, 1 vol in 8°, Guéret, Dugenest, 1866, p. 85.

Le *Sedum confertum*, Bor., est une nouvelle espèce du groupe *Telephium* longuement décrite par Boreau dans la troisième édition de la *Flore du Centre*; cette espèce a été établie sur des plantes envoyées du Mouchetard à ce naturaliste. Un autre *Sedum* de notre pays a été érigé en espèce; il est voisin du *Sedum elegans* et a été trouvé sur les rochers granitiques des environs de Chambon par M. Pérard qui l'a nommé *Sedum graniticum*, nom qui lui a été conservé par Boreau.

Plusieurs autres formes spéciales à notre sol ont été élevées à la dignité d'espèces par certains auteurs, mais une étude plus attentive leur a fait reprendre leur véritable place. Nous nous contenterons d'en citer quelques unes. Le *Geranium semiglabrum*, créé par M. Jordan d'après une plante creusoise, parait à M. l'abbé de Cessac trop peu distinct du *G. robertianum* pour en être séparé ; les petites fleurs sont purement accidentelles, et cette prétendue espèce peut à peine être conservée comme une variété. De même, l'*Heracleum angustatum* décrit par Boreau sur une variété creusoise de *H. pratense*, trouvée à Saint-Léger-le-Guérétois, ne peut être considéré comme distinct, puisqu'il est relié au type par une série de formes intermédiaires. Enfin, un *Petasites* voisin du *P. pratensis*, Jord., a été longtemps regardé comme une forme à part; Boreau l'appelait « *Petasites pratensis?* var. à fleur blanche; » M. de Cessac, *Petasites leucantha* ; M. Jordan n'y reconnaissait point sa plante. Moi-même, je l'ai décrit comme espèce (1); une étude plus attentive et la comparaison avec des échantillons vivants des *Petasites* voisins m'ont convaincu que cette plante ne constitue même pas une variété (2).

De même encore, une violette appartenant au groupe *tricolor* a été élevée au rang d'espèce par M. Boreau, sous le nom de *V. subincisa*, Bor., sur un échantillon que M. l'abbé de Cessac lui avait adressé; mais M. Jordan, à qui elle avait été également soumise, la regardait simplement comme un état luxuriant de quelque

(1) *Notes sur la Flore de la Creuse*, 1885, p. 20.

(2) M. Lamotte appelle *Ribes rubrum*, var. B. *pubescens*, une variété à dessous des feuilles et rachis complètement pubescents trouvée par M. Fillioux à Cherdemont près Guéret.

forme. L'expérience a parfaitement justifié les vues de ce dernier, car depuis cette époque, M. de Cessac a vainement cherché la même plante dans le lieu où il l'avait découverte ; il y retrouvait seulement les *V. peregrina*, Jord., *alpestris*, Jord., et *tricolor*, L. Ainsi, cette plante était une forme luxuriante du *Viola tricolor*, de même que l'*Aquilegia subalpina* est une forme plus vigoureuse dans toutes ses parties de l'*Aquilegia vulgaris*.

Il y a beaucoup d'autres plantes qui, chez nous, prennent dans de certaines conditions un développement si extraordinaire, qu'un débutant aurait parfois de la peine à retrouver les espèces décrites par les auteurs. Il faut reconnaitre, en effet, que si, grâce au peu de variété du sol et du climat, la Creuse ne possède pas une flore très riche en espèces, en revanche le manteau de verdure dont Dieu a recouvert ses collines et ses vallées est d'une fraicheur et d'un éclat incomparables.

VI

Les transformations de la flore

Cependant, cette végétation si belle est en voie de transformation, d'une transformation rapide et profonde. De tous les côtés, la culture s'avance et rétrécit le champ où se développe le libre essor de la nature spontanée. Non seulement le défrichement fait disparaître un certain nombre d'espèces indigènes, mais, avec les céréales et les fourrages, beaucoup d'espèces nouvelles sont introduites. Cette invasion de plantes étrangères n'est pas la première dont nous trouvions les traces.

Certaines espèces ont acquis droit de cité chez nous depuis les temps les plus reculés. Le buis qui forme des haies touffues en plusieurs localités, qui borde les voies de la ville gallo-romaine de Breith, qui, près de de Saint-Georges-Nigremont, donne son nom à une vaste plaine — le Champ des Buis — toute semée de vestiges antiques, qui couvre la rive droite de la Creuse entre Glénic et Anzême, et le coteau de la Petite-Creuse au pont de Chéniers, le buis est incontestablement une plante introduite ; à quelle époque ? Il est difficile de le préciser, mais son introduction est fort ancienne, peut-être antérieure à l'installation des Romains dans nos montagnes (1). Le pavot, subspontané dans les jardins, autour des habitations, serait peut-être plus ancien encore (2). Le fenouil et le chardon-Marie qui croissent ensemble à Glénic, la sauge toutebonne que l'on trouve à Aubusson, l'absinthe abondante sur le coteau de Boussac, l'orpin âcre, la mélisse, le sisymbre sagesse, l'agripaume assez commun dans les haies autour des villages, sont des plantes introduites au moyen âge pour leurs propriétés médicales ; à la même époque, la giroflée jaune qui orne les vieux murs, était cultivée pour sa fleur et la suavité de son odeur; et la joubarbe, pour préserver les habitations des maléfices des sorciers et des atteintes de la foudre. La pomme épineuse ou datura, la jusquiame et la belladonne nous ont été apportés, dit-on, par les bohémiens, qui s'en servaient pour leurs enchantements.

C'est encore au moyen âge que je placerais — non pas peut-être l'introduction — mais l'expansion d'une espèce qui personnifie, pour ainsi dire, la végétation arborescente de la Marche. Oserais-je l'avouer ? le châtaignier ne me semble point une espèce autochtone. Je n'ignore point que l'auteur de l'*Essai monographique sur le Châtaignier*, M. Edouard Lamy de la Chapelle, est d'un avis opposé. Ce botaniste éminent dont M. Ernest Malinvaud, le sympathique et distingué secrétaire de la Société Botanique de France, a pu dire en toute justice que chez lui « les mérites du savant allaient de pair avec les plus précieuses qualités de l'esprit », s'exprime ainsi,

(1) Pour certains savants, le buis suffirait même à caractériser l'époque romaine dans une contrée. « Pour toutes les personnes qui en Normandie cultivent l'étude des antiquités, dit M. Lenormant, la présence du buis fournit une indication très sûre pour la recherche des habitations antiques dans les forêts (Bull. Soc. bot. t. III, p. 224) ». Cette opinion rencontre des contradicteurs. Voir à ce sujet *Annuaire de l'Institut des Provinces*, 1886, p. 149, un article de M. de Rochebrune.

(2) *L'origine des plantes cultivées*, par A. de Candolle, 1883, p. 319.

en parlant de l'origine du châtaignier : « D'après Pline et Olivier de Serres, cet arbre précieux serait originaire de Sardaigne, mais les savants modernes s'accordent à regarder cette opinion comme une erreur ; il paraît que de tout temps il a végété dans la plupart des lieux qu'il ombrage aujourd'hui. En ce qui concerne notre contrée, un argument que je crois péremptoire prouve qu'il est indigène. C'est un magnifique échantillon de châtaignier fossile, parfaitement caractérisé, trouvé dans un amas d'argile appartenant, selon toutes les apparences, à un terrain secondaire, près de Marthon (Charente), à la limite de nos terrains primitifs. Le gisement d'où il a été extrait contenait de nombreux et puissants fossiles de même nature, ainsi que des débris de pin maritime également bien conservés. L'examen attentif des lieux indique que ces arbres ont dû être entraînés par les eaux antédiluviennes des pentes granitiques sur le rivage des mers de la période géologique pendant laquelle se déposaient les calcaires oolithiques si largement antérieurs à la race humaine. Je me suis entretenu de la découverte de mon ami (M. Gustave Duverger, commerçant) avec M. A. Brongniart, si connu par ses admirables recherches sur les végétaux fossiles. Ce savant auquel je n'ai point encore communiqué le curieux échantillon recueilli près de Marthon, a paru douter qu'il représentât les débris d'un tronc de châtaignier. Malgré ce doute d'un homme dont l'autorité fait ordinairement loi dans la science, je n'en persiste pas moins à croire que mes premières conjonctures sont fondées, car le morceau fossile dont il est question a toutes les apparences du bois de châtaignier : on y distingue même des lacunes régulières parmi les couches concentriques produites, sans doute, sur le vivant par le phénomène de la roulure (1). »

Il serait trop long de donner ici les raisons pour lesquelles un argument aussi vague, tiré de la paléontologie, n'a aucune valeur en ce qui concerne la présence en certains lieux d'espèces de la flore appartenant

---

(1) Essai monographique sur le châtaignier, Limoges, 1860, p. 22 et 23.

à la période actuelle (1). Il y a plus ; ce morceau de châtaignier était-il bien du châtaignier ? M. Brongniart n'était pas seul à en douter ; M. Edouard Lamy lui-même, en d'autres circonstances, était loin d'être aussi affirmatif. Au congrès scientifique de Limoges, en 1859, la question du châtaignier fossile fut agitée. A l'occasion d'échantillons trouvés dans les terrains sédimentaires de Pagnac, près de Verneuil, M. Lamy rappelle qu' « il y a déjà quelques années, on l'avait prié de déterminer un échantillon qui venait probablement du même lieu ; il lui reconnut la plus grande similitude avec le bois de châtaignier, dont tout le monde connait la disposition à se rouler (2). » Comme précédemment, c'est la *roulure* qui parait à M. Lamy un argument décisif. Ailleurs, ses doutes sont plus accentués encore. Sur une remarque de M. Alluaud que les espèces d'où proviennent ces fossiles n'ont pas été déterminées, M. Lamy dit « qu'il a vu un échantillon des dits bois et que cet échantillon lui a *paru ressembler* à des châtaigniers (3). »

En résumé, l'argumentation du savant botaniste, dont le travail est d'ailleurs très remarquable, n'apporte aucune preuve sérieuse à l'appui de la thèse de la spontanéité du châtaignier ; mais le premier passage cité nous fait connaître, en revanche, que l'opinion d'Olivier de Serre, qui n'est pas à dédaigner, en ayant égard surtout à l'époque où il écrivait, n'était pas favorable à l'origine indigène de cet arbre.

Pour ne parler que de la Creuse, personne y a-t-il jamais découvert un pied de châtaignier vraiment spontané ? Ni les arbres, presque toujours alignés, qui constituent la châtaigneraie, ni les énormes doyens au tronc creux qui bordent les anciens chemins, ni même les magnifiques châtaigniers, isolés aujourd'hui au milieu des cultures, mais que l'on reconnait avec quelques recherches être les débris

(1) D'après les recherches de M. le Dr L. Hahn, les espèces de châtaigniers étaient assez nombreuses à l'époque tertiaire, mais elles étaient confinées aux régions arctiques.

(2) *Congrès scientifique de France*, 26° session, Limoges, 1860, T. I, p. 75.

(3) *Id.*, p. 62 et 67.

d'une châtaigneraie disparue, ne font surgir dans l'esprit du naturaliste l'idée d'un végétal spontané, comme le hêtre qui croît dans la forêt, ou le chêne qui s'élève dans la brande (1). Les soupçons que suggère l'aspect de l'arbre même et les conditions où on le trouve, sont confirmés par l'opinion de plusieurs auteurs qui ont ailleurs étudié la question. « Il est difficile, dit A. de Candolle, de savoir si dans l'Europe méridionale et occidentale le châtaignier est spontané ou cultivé (2). » Dans un travail sur les reboisements et les repeuplements, un forestier de grand mérite, M. de Kirwan, s'exprime ainsi : « Le châtaignier que nous connaissons en France est-il bien la race primitive, la race sylvestre, sauvage, la race type (3) ? » L'auteur apporte des faits intéressants à l'appui de ses doutes. Pour lui, il n'est rien moins certain que le châtaignier, essence méridionale, soit indigène en France ; il y aurait été introduit de mains d'homme, tant à cause de son fruit que pour les excellents produits qu'il donne comme taillis exploité en bas-âge.

Déjà Buffon avait combattu l'idée que le châtaignier fut autrefois très répandu en France (4). Du travail de M. de Kirwan, et d'un autre travail publié par M. Stanislas des Etangs dans la *Revue forestière* (5), il semble résulter que la culture en grand du châtaignier ne serait pas fort ancienne (6). En ce qui concerne la Marche, les

(1) Dans un article de Ch. Martins, intitulé le *Châtaignier de Médoux* et inséré dans la *Revue horticole* (numéro du 16 septembre 1865), il est question de « quelques restes d'anciennes forêts de châtaigniers sauvages, » qui se seraient trouvés en Limousin. L'auteur de la communication, M. Paulin Talabot, dit que ces arbres étaient droits, cylindriques, d'une seule venue.

(2) *L'origine des plantes cultivées*, par A. de Candolle, 1883, p. 283.

(3) *Reboisements et repeuplements*, par C. de Kirwan, dans la *Revue des questions scientifiques*, tome 16e, Bruxelles, 1884, p. 163.

(4) *Expériences sur les végétaux*, cité par MM. Lorentz et Parade, dans le cours de *Culture des bois*, 1867, p. 70, et par M. de Kirwan.

(5) Livraison d'avril 1847.

(6) Il ne faudrait pas objecter contre cette manière de voir le fait souvent cité des admirables charpentes de certains monuments publics, les cathédrales de Troyes, de Chartres, etc., qui seraient en châtaignier. Outre qu'il y en a peu d'antérieures au xve siècle, M. des

éléments font assurément défaut pour fixer une date, même approximative ; cependant je ne crois pas que cette culture remonte bien haut. En effet, on compte dans la Creuse quatre-vingt-un villages auxquels le hêtre a donné son nom ; cinquante-cinq qui ont pris celui du chêne ; au contraire, vingt-un seulement ont emprunté leur nom au châtaignier, mais il est à remarquer que la plupart de ces derniers sont d'origine récente, et que l'on trouve seulement quelques-uns d'entre eux relatés dans les titres un peu anciens. M. l'abbé Arbellot a vu à l'évêché de Limoges une charte de 1106 concernant l'église de *Castan* (Châtain, commune de Monteil-au-Vicomte) ; le cartulaire d'Evaux parle, en l'année 1158, de l'église *de Castanea* (Châtain, commune d'Arfeuille) (1). La plus ancienne mention que j'ai rencontrée est relative à un lieu appelé *Chastaneith*, situé dans les environs de Bourganeuf ; il s'agit d'un acte remontant à l'an 1134, ou environ. En 1192, il est parlé d'un village appelé *Castaners*, aujourd'hui les Châtaigniers, dans la commune de Boussac-les-Eglises. Enfin, le nom de *la Casteneda* (la Chatenaide, près de Saint-Goussaud) est écrit plusieurs fois dans des titres du commencement du treizième siècle (2).

Si, d'autre part, on considère le châtaignier en tant qu'arbre fruitier, il ne paraît pas que l'on ait songé chez nous à profiter de son produit avant une époque relativement récente. Alors que toutes les productions de la terre sont énumérées à satiété dans les chartriers des abbayes cisterciennes de la Marche, c'est seulement au milieu du quinzième siècle, en 1451, que l'on trouve la châtaigne mentionnée pour la première fois (3). Le châtaignier me semble donc avoir joué

Etangs, dans le travail cité plus haut, établit que ces charpentes, soi-disant en châtaignier, sont en chêne pédonculé. C'est aussi l'avis de M. Ch. Lucas, architecte, que « la charpente des anciennes cathédrales est taillée, comme encore de nos jours, dans une variété de chêne. »

(1) M. l'abbé Arbellot cite aussi, d'après le *De Re diplomatica*, supp. 464, un lieu appelé *Castancolo*, près Royère, au VIIe siècle, en 631.

(2) Archives de la Creuse, *fonds de l'abbaye de Bonlieu*, original parchemin, 1192 ; *cartulaire de l'abbaye du Palais, folios* 3 et 43.

(3) Archives de la Creuse, *cartulaire d'Aubepierre*, p. 62 ; l'acte concerne Beauregard, commune de Lourdoueix-Saint-Pierre.

dans la Marche exactement le même rôle que le noyer dans plusieurs des régions calcaires ; subspontané, oui, indigène, non (1).

Le châtaignier n'est pas d'ailleurs le seul arbre importé qui ait pris l'apparence d'un végétal indigène. Plusieurs peupliers, le poirier sauger, l'épine-vinette, plusieurs espèces de pruniers domestiques, qui se reproduisent dans les haies et même dans les bois, ont été introduits par des cultures très anciennes.

Plusieurs espèces des pays de France, mais étrangères à notre région, se sont plus ou moins répandues, à l'état de plantes spontanées ou subspontanées, en dehors des jardins et des cultures. On peut citer, parmi celles cultivées dans un but utile : le lin, la mauve, la guimauve, le trèfle incarnat, le pois vert, le lupin, le cassissier, le groseillier rouge, le persil, le carvi, la livèche, la myrrhide, la doucette, le chardon des foulons, la tanaisie, la bourrache, l'oseille, l'épurge et le ray-grass ; parmi les plantes d'agrément : le pied-d'alouette, la julienne, la lunaire, le géranium des prés, plusieurs rosiers, quelques spirées, l'épilobe à feuilles étroites, la linaire cymbalaire, la gueule de lion, le centranthe, etc.

L'Amérique a fourni son contingent à ces plantes étrangères qui sont devenues des nôtres. Au dix septième siècle, elle nous a envoyé avec l'énothère bisannuelle, si parfaitement acclimatée sur les berges de nos rivières et jusque sur la montagne du Maupuy, l'érigeron du Canada, devenu aujourd'hui dans d'autres départements une des plantes les plus communes, abondant chez nous autour des gares et le long de la ligne du chemin de fer. On pourrait presque ajouter à ces deux noms celui du topinambour — appelé dans la Creuse *canada* — qui se reproduit avec une persistance extraordinaire dans les lieux où il a été cultivé. Cette année même, M. l'abbé de Cessac a bien voulu me signaler l'introduction récente dans notre flore de l'*Aster rubricaulis*, qui forme plusieurs touffes, près de la gare de Guéret, du côté de la ville ; et de l'énothère

(1) Il est très facile d'attribuer faussement à une plante introduite la qualité de plante indigène. Si on ne connaissait d'une façon certaine la date, relativement récente, du sapin aux environs du Mont-Dore, on le prendrait certainement pour une espèce antochtone.

odorante que depuis longtemps il a remarqué très abondamment à l'hospice de Guéret.

A côté de ces végétaux qui, des lieux où l'homme les avait introduits et les entretenait pour son utilité ou pour son agrément, se sont répandus dans les lieux incultes, plusieurs plantes, appartenant à la catégorie de celles dont un botaniste a dit spirituellement que l'homme les cultivait malgré lui, ont pénétré, à diverses époques, parmi les espèces de la flore indigène. Le bleuet, le coquelicot — rare en Creuse — la nielle des blés, ont quitté les plateaux asiatiques pour suivre les céréales dans toutes leurs migrations. Ils sont venus chez nous avec les semences de froment que les Gallo-Romains ont répandues sur les champs défrichés de la Gaule. Peut-être leur introduction est-elle encore beaucoup plus vieille et date-t-elle de cette première importation des céréales remontant à une époque que l'histoire ne mentionne point, mais que les données de l'archéologie permettent de placer pour notre pays plusieurs siècles avant l'ère chrétienne. En tout cas leur introduction est si ancienne qu'ils ont acquis un droit de cité indiscutable dans notre flore. Ne seraient-ce point aussi des étrangères naturalisées que ces plantes envahissantes, les petites véroniques, la mercuriale, la fumeterre, et même l'ortie, toutes celles enfin qui infestent les jardins, mais que l'on ne trouve jamais loin des habitations de l'homme, ou au moins loin de ses cultures ?

Un botaniste envoyé en mission, il y a quelques années, pour explorer la flore de l'Océanie, racontait à son retour que, dans les plaines de l'Australie, il avait herborisé pendant des journées entières sans trouver d'autres espèces à récolter que celles des moissons de notre Beauce. Les blés employés pour la semence avaient, d'étape en étape, apporté avec eux les graines de ces mauvaises herbes qui font le désespoir du cultivateur. Dans la voie de l'uniformité produite par la culture, la Creuse n'est pas aussi avancée que l'Australie. Cependant, sans compter toutes celles déjà mentionnées, que d'étrangères nouvellement implantées dans ce qui était récemment encore nos pâturages et nos bruyères ! Le nombre des plantes venues des pays calcaires s'accroît de jour en jour. Il y a cinq ans, je citais la renoncule des champs, les gesses aphaca et de Nissole, la vesce à fleurs jaunes, le miroir de Vénus, le muscari à toupet, le peigne de Vénus ; ces plantes se sont multipliées depuis lors. Le trèfle jaune des sables a élu domicile chez nous ; la chicorée sauvage, dont jusqu'à ces derniers temps je relevais avec soin les stations dans les cultures, est devenue si commune qu'on la trouve jusque dans les pacages incultes ; la véronique de Perse, qui gagne chaque jour du terrain en France, a pénétré dans nos moissons. La grande spargoule, la serradelle, le trèfle incarnat, cultivés depuis assez longtemps comme fourrage, se sont répandus et pourraient être pris, à l'état isolé, pour des plantes indigènes. La luzerne elle-même est si bien implantée dans certaines jachères aux environs de Lourdoueix-Saint-Pierre, qu'en la voyant fleurir parmi les genêts on a peine à la croire d'aussi récente importation.

Non seulement la culture modifie la composition primitive de la végétation en remplaçant par des étrangères les espèces indigènes ; mais, parmi ces dernières mêmes, elle produit des changements profonds. Elle tend sans cesse à faire disparaître un certain nombre d'espèces, les plus grandes en général, les plantes vivaces ; à leur détriment, elle favorise le développement des espèces annuelles, surtout des plus petites, comme le *Radiola linoïdes*, le *Scleranthus annuus*, l'*Illecebrum verticillatum*, le *Montia minor*. On peut résumer l'action des défrichements en disant que s'ils enrichissent la flore en apportant un certain nombre d'espèces, et en favorisant le développement de certaines plantes du pays, ils l'appauvrissent très sensiblement en faisant disparaître jusqu'aux derniers rejetons de plusieurs espèces indigènes.

Ce sont là les débuts d'une transformation auprès de laquelle ne peuvent presque compter pour rien les modifications partielles que, jusqu'à ce jour, la main de l'homme a fait subir à la végétation spontanée de notre contrée. L'archéologie nous apprend qu'à l'époque gallo-romaine il y avait dans la Creuse de nombreux foyers de culture ; et l'étude des titres originaux nous révèle, pour les temps qui ont précédé les désastres de la guerre de cent ans, une population très dense, mais sans doute sans commerce, par conséquent obligée de vivre des produits du sol qu'elle habitait. Il y avait donc déjà, autour des villages, de vastes étendues de terre, et un peu partout de nombreux *mas*, cultivés par une quantité de bras. Cependant, à cette époque, la grande ressource de la vie rurale, c'étaient les troupeaux de porcs, de brebis et de bœufs. Or, mieux que toute autre industrie agricole, l'industrie pastorale, qui a besoin de bois, de prairies et de pacages, conserve à la terre et à ses productions le caractère de la nature primitive.

Aujourd'hui, au contraire, les forêts ont presque entièrement disparu ; les bouquets de bois isolés, les taillis eux-mêmes s'arrachent tous les jours ; le hêtre, *le fayen*, se fait rare au point que, dans certains cantons, le commerce ne trouve plus à s'en procurer ; dans quelques années — bien peu — les masses verdoyantes des châtaigneraies ne seront plus qu'un souvenir dans le paysage. Les étangs se dessèchent (1), les marais deviennent des prairies. Il y a vingt-cinq ans, les landes, les terres incultes et les communaux couvraient près de la moitié du département. Aujourd'hui, même sur la montagne incultivable où l'état d'indivision semblerait devoir, par le pâturage qu'il permet plus facile et plus profitable, rendre de sérieux services, on aperçoit de tout côté les fossés et les haies qui découpent la bruyère en parcelles uniformes : il en est de même pour les marais. En un mot, les progrès de la culture réduisent de jour en jour le domaine héréditaire de la flore indigène. De plus, les amendements calcaires changent ce qui parais sait le plus immuable, c'est-à-dire le sol même du pays.

Cette situation nouvelle constitue un grand progrès, au point de vue agricole. Il faut avouer que l'appât d'un gain immédiat a fait parfois oublier, dans le déboisement, toute pensée de prévoyance. Sans

(1) L'un des étangs les plus remarquables, celui de Montboucher près d'Angères, qui occupait une surface de 83 hectares, avec une île en son milieu, a été récemment converti en prairies ; et si celui des Landes, admirablement encadré par les bois et les bruyères, a conservé la nappe de ses eaux qui s'étend sur une surface de 46 hectares, c'est sans doute parce que la digue qui les retient est un ouvrage de la nature, que la main de l'homme est impuissante à détruire.

songer à la ruine que de pareils procédés ont attirée sur plusieurs de nos départements, sans réfléchir aux calculs précis d'après lesquels, en certaines terres, la châtaigneraie qui a nourri si long-temps le pays, donne encore des produits supérieurs aux autres cultures (1), on a trop souvent laissé la hache du bûcheron compromettre la fortune de l'avenir. Mais, dans l'ensemble, ce sont là des détails qu'il est permis de négliger ; la mise en valeur de tant de terres incultes est un grand bienfait. Peut-être même cette rénovation agricole fera-t-elle cesser un fléau né de la pauvreté du sol, l'émigration, qui fait payer si cher les quelques avantages qu'elle procure.

C'est donc sans chagrin — puisque l'utile et le beau sont, paraît-il, inconciliables — que l'on voit disparaître, avec la lande communale aux lointains indécis et les voûtes ombragées de la châtaigne-raie, la meilleure partie de ce qui donnait aux paysages de la Creuse ce charme pénétrant, si apprécié des artistes et des poètes. On ne saurait pourtant reprocher bien fort au botaniste d'exprimer le regret que le progrès soit contraint d'être aussi impitoyable pour les végétaux spontanés de nos bruyères et de nos pâturages. Plusieurs de nos espèces sont déjà éteintes ; d'autres le seront bientôt ; d'autres enfin sont considérablement amoindries quant au nombre de leurs représentants. Toutes sont précieuses au naturaliste parce qu'elles sont les filles du sol primitif, et parce qu'il les trouve où la main du Créateur les a placées, sans que l'homme les ait depuis déformées ou asservies ; grâce aux travaux dont nous avons essayé de présenter la synthèse, le souvenir de ces espèces sera conservé.

Dans un avenir peut-être prochain, quand on voudra connaître la flore de la Creuse — non pas la flore vulgaire venue d'ailleurs — mais la vraie flore indigène, avec le caractère qu'elle a reçu dès le com-

---

(1) Dans le dernier chapitre de l'*Essai monographique sur le châ-taignier*, l'auteur établit par des calculs de moyenne, que souvent le produit d'une châtaigneraie est supérieur aux revenus d'une terre à froment. Il faut remarquer que les terres qui conviennent le mieux au châtaignier sont peu propres à la culture des céréales. De plus, la production de la châtaigne est loin de suffire à la consommation. De l'Italie seulement, il en a été importé, en 1880, pour un million 700,000 francs.

mencement, et qu'elle a conservé pendant des siècles, l'étude des êtres vivants ne suffira plus ; il faudra consulter aussi l'histoire des changements introduits par l'homme dans l'œuvre première de la nature.

Supplément aux Catalogues et Listes de Plantes de la Creuse
publiés jusqu'à ce jour

Les listes suivantes ne comprennent pas seulement les découvertes faites depuis la date où j'ai publié les *Notes sur la Flore de la Creuse ;* elles relatent aussi certaines découvertes antérieures à cette époque (1885), mais dont je n'avais pas eu connaissance. Quelques-unes avaient été faites par le docteur Pailloux lui-même ; d'autres par M. Lamotte et par M. Pérard. A la suite de chaque nom de plante, celui du botaniste à qui on est redevable de la découverte est indiqué avec soin. Suivant l'usage, le point de certitude (!) indique que j'ai vu la plante, et dans la localité signalée. L'astérisque désigne les simples variétés et les espèces discutées.

Une première liste comprend les plantes nouvelles pour la Creuse ; la seconde et la troisième donnent des indications de localités des plantes rares, indications toujours précieuses pour la géographie botanique. Ces deux dernières listes ne signalent pas seulement les localités récemment découvertes ; mais, afin de simplifier les recherches, elles donnent toutes les localités connues des plantes rares.

I. — Plantes nouvelles pour la flore de la Creuse

Fumaria media. Loisel. et non al. — Grand-Bourg (de Cessac).

Sisymbrium Irio. L.......... — Subspontané, Guéret !

Reseda lutea. L.............. — Sur la voie du chemin de fer, à Parsac, 1880 (abbé Bertrand).

* *Helianthemum vulgare*, var. *parviflorum.* — Coteau de Chambon-sur-Voueize, « fleurs moitié plus petites que dans le type » (Pérard, 1886) (1).

Lepidium graminifolium. L.. — Evaux (Pérard, 1886).

* *Viola epispila. Lamot. Prodr.* — Mai-juin, RR. Marais couverts de *Sphagnum* au dessus du pont de Roche, près de Chamberaud, Saint-Sulpice-le-Donzeil (Pailloux).

« Bien voisine de *V. palustris*, cette violette en diffère par ses pétales obovales, oblongs, non veinés, par ses feuilles estivales ovales, en cœur à la base, plus larges que longues » (Lamotte, Prodrome I, p. 120) (2). Boreau connaissait cette plante, mais ne la regardait pas comme une espèce distincte.

* *nemoralis. Jord. Pug.* p. 21. — Avril-juin. Environs d'Ahun (Pailloux). — « Plante intermédiaire entre les V. silvatica et

---

(1) Flore du Bourbonnais, par A. Pérard. Matériaux, 1re partie Montluçon 1884, id., supplément, Montluçon 1886. La date entre parenthèses après le nom de M. Pérard est celle, non pas de la découverte, mais de la publication.

(2) Prodrome de la Flore du Plateau Central de la France, 2 vol. in-8°, Paris, 1877 et 1881. (S'arrête aux globulariées inclusivement).

V. canina» (Lamotte, Prodrome I. p. 119).

* *propera. Jordan....* — Chambon, bords de la Voueize. (Pérard, 1886).

« Ce *Viola* diffère du *Viola hirta* (dont il est voisin) par ses feuilles moins grandes, plus ovales, ses pétioles plus courts, ses fleurs à pétales plus larges, plus courts, plus ouverts. Il croît en touffes plus petites, plus serrées ; il fleurit bien plus tôt que le *V. hirta* et est ordinairement en fruits lorsque ce dernier montre ses premières fleurs. » (Lamotte, I, p. 115).

Sagina ciliata. Fries, (patula, Jordan.) — Lâge, et route de la Souterraine, près las Champs-Maseraux, 9 juin 1881 ! Route de Guéret au Pont-à-la-Dauge, entre les bornes 1 kil. 7 hect. et 1 kil. 8 hect. ; les formes glabres et velues sont mêlées, 15 juillet 1885 ! Ahun (Pailloux in Lamotte).

Spergelia subulata. Swartz.. — Fresseline, entre Vervy et le confluent des deux Creuse, sur la rive gauche de la grande Creuse, 26 août 1890 !

Cette plante manque dans le département de l'Indre ; mais elle est indiquée depuis longtemps aux environs de Limoges par M. Ern. Malinvaud.

* *Ero lium praetermissum. Jord., (pimpinellifolium. DC.)* — Bords du ruisseau de Mauque, 14 mai 1881 !

M. Chastaingt a trouvé cette plante

	à Aigurande et à Crevant, sur nos limites.
Oxalis stricta. L...........	— Ahun (Pailloux) ; St-Marien (1), Chambon, Bords de la Tarde (Pérard, 1886).
Ornithopus roseus. *Dufour*...	— Coteau inculte sur la rive droite du ruisseau de Mauque, 9 juin 1885 !
Rubus nitidus. W. et N:.....	— Budelière-Chambon, bords de la Tarde (Pérard, 1886).
affinis. W. et N......	— Chambon, bords de la Tarde (Pérard, 1886).
tomentosus. Borkh....	— Budelière-Chambon, pont de la Tarde (Pérard, 1886).
rosaceus. W. et N......	— Grand-Bourg (de Cessac in Genevier, Monogr. *Rubus*, p. 36).
* *psammophilus*. *Ripart*,	in Genev. Monogr. des *Rubus*, 1869. p. 47. — St-Sulpice-le-Guérétois, « est voisin du *nemorosus*, » (de Cessac in Genevier, Monographie des *Rubus*, p. 48).
* *Potentilla demissa*. Jord......	(Flore du Centre, 3ᵉ éd., p. 209). — Rochers de la Tarde entre Chambon et Evaux, environs de Boussac (Pérard, 1884).
Poterium muricatum. Spach..	— Budelière-Chambon, rochers des bords de la Tarde (Pérard, 1886).
Rosa cuspidata. Bor.........	— Ahun à La Grange, Lavaud à la brande du Puy (Pailloux in Lamotte).

(1) M. Pérard a fait de nombreuses découvertes à Saint-Marien. Ce n'est pas à Saint-Marien, commune du canton de Boussac, mais dans une localité du même nom, située au confluent de la Tarde et du Cher.

Sorbus torminalis. Crantz... — Saint-Marien, dans le bois au dessus de la Tarde (Pérard, 1886).

* *Epilobium palustre*, var. b. *pilosum. Koch.* — Pognat près Ahun (Pailloux in Lamot.).

     * *vagans. Gand..* — Environs de Chambon, lieux humides. (Pérard, 1886).

     « Espèce bien distincte, présentant de larges rosettes de feuilles, le plus souvent rougeâtres, et ayant un facies qui le fait distinguer de suite des espèces voisines. » (Pérard).

* *Sedum controversum. Bor*..... (Mon. des *Sedum*, p. 16). — St-Marien, rochers du Cher et de la Tarde au hateau du Mas (Pérard, 1886).

    * *Bulliardi. Bor*...... — Alleyrat, Châtelus-le-Marcheix, Grand-Bourg (de Cessac in Boreau, *Bulletin de la Société Académique du Maine-et-Loire*, Tome XX. p. 124).

  * *grandidentatum. Bor.* — St-Sulpice-le Guérétois (de Cessac, in Boreau, id.).

  * *graniticum. Pérard.* — Indiqué par M. Pérard sur les rochers granitiques des environs de Chambon.

    On trouve une courte description de ce *Sedum* dans la clef dichotomique des *Sedum* du groupe *reflexum* contenus dans l'herbier Boreau, au Jardin Botanique d'Angers. Cette clef, rédigée par Boreau lui-même, a été publiée par M. G. Bouvet, dans la *Revue de Botanique*, (T. I, Courrensan, 1882-1883, p. 159).

Peucedanum oreoselinum. Mœnch. — Saint-Marien (Pérard, 1886).

* *Silybum marianum*, var. b. *longespina. Lamolle.* — Le long du mur du presbytère de Chambon [sur Voueize], Mai-Juillet (Lamotte).

« Variété remarquable par la longueur des écailles brusquement contractées en une longue arête triangulaire, terminée en une pointe dure et vulnérante, dépassant longuement les capitules, par les épines qui bordent la partie foliacée des appendices plus fortes et plus dures, par des feuilles plus profondément sinuées, à épines plus longues et plus robustes. » (Lamotte. Prod. p. 423).

Tragopogon major. Jacq ..... — Chambon [sur Voueize] (Pérard, 1886).

Crepis setosa. Haller .... — Ajain, terre changée depuis en pré, en face de la chapelle de Bonnefonts, vers 1875 (abbé Bertrand).

* *Hieracium reconditum. Jord* ... (Fl. Cent., p. 402.) — Graviers du bord de la Voueize à Chambon. R. juin-juillet (Lam. in Prodr.).

Donné comme sous-espèce de l'*H. vulgatum*, et déterminé par M. Arvet-Touvet.

* *Jasione monticola. Pérard in herb.* — Bords de la Tarde entre Evaux et Chambon (Pérard).

« Plante basse, parfois diffuse ; racine simple, fusiforme, allongée, pourvue au collet de rejets stériles feuillés et de tiges nombreuses, courtes, étalées-redressées. Capitule *deux fois plus petit* que celui des *Jasione perennis* et *montana*, etc. Pelouses des terrains granitiques. » (Pérard, 1884).

Verbascum lychnitidi-floccosum, Ziz. (Fl. Cent., 3e éd. p. 473) — Lagrange, près Ahun, le Moutier (Pailloux in Lamot.).

« Diffère du *pulvinatum* ou *pulverulentum* par sa panicule plus serrée, ses feuilles plus oblongues finement tomenteuses en dessous, à duvet ni pulvérent, ni caduc. Godron l'indique... dans la Creuse » (Bor. loc. cit.).

* *Orobanche rapum.* var. jaune serin dans toutes ses parties. — Sur *S·rothamnus scoparius,* bords du ruisseau de Mauque, 9 juin 1885 !

* *Mentha palustris. Mœnch.* (hybride). (*M. sativa. Reichenb. ex parte.*) — Ahun (Pailloux in Lamot.).

« *Mentha urticæfolia,* Court., en est à peine une sous-variété. » (Lamot. Prodr. p. 589).

Melissa officinalis. L . . . . — Laschamps d'Ahun, près Lavaveix (Pérard, 1886, sans doute d'après Pailloux).

* *Betonica brachystachi·. Jord.* — Chambon, rochers de la Tarde (Pérard, 1886).

* *laxata Jord. et Four..* — Ahun, (Pailloux in Lamot.); Chambon (Lamot.).

Polychnemum arvense. L . . . . . — Lourdoueix-Saint-Pierre, coteau de la Petite-Creuse, près de Lignaux, 9 juillet 1890 !

Les stations les plus rapprochées sont Châteauroux, Mézières et le Blanc.

Spiranthes æstivalis L....... — Ajain, pacage près du chemin de Neuville, juillet 1889 (abbé Bertrand).

Juncus hybridus, Brot....... — Lavaufranche, près Montebras (Pérard, 1886).

Carex stricta, Goodn........ — Bords du ruisseau de Mauque, 4 mai 1881 !

Polypodium spinulosum. Wild. var. *Heribaudi*, R. du Buys. —Bois de Roche, près Evaux (du Buysson).

« Frondes ovales, non lancéolées, segments inférieurs plus courts que ceux du milieu ; division des segments très larges, mesurant jusqu'à 2 cent. de largeur ; lobes largement confluents à leur base, pennatilobulés. Aspect tout particulier, tant pour la forme de la fronde dans son pourtour que pour la largeur des divisions. » M. du Buysson a donné à cette remarquable variété le nom du frère J. Héribaud, en reconnaissance de ses précieuses communications. (*Monographie des Cryptogames vasculaires d'Europe*, par R. du Buysson, T. II, Moulins, 1890, p. 36).

II. — Plantes déjà connues, mais sans localités.

Senebiera coronopus. Poir.... — Mouchetard, Bénévent, St-Priest-la-Feuille, etc. (de Cessac, Mémoires de la Société des sciences de la Creuse, T. III, p. 451).

Vicia lathyroïdes. L........ — Environs d'Ahun (Pailloux, in Lamot.).

Herniaria glabra. L......... — Nouzerolles, à la Roche, 1er juillet 1887! Fresselines, c. en descendant au pont de Vervy, 26 août 1890 !

Utricularia vulgaris. L..... — Chamberaud (Pailloux, in Lamot.).

Brunella pinnatifida. Pers.... — Vallée de la Petite-Creuse, à Ville-chiron, commune de Lourdoueix-Saint-Pierre !

Cette plante, que Linné considérait comme une hybride, a été indiquée par M. de Cessac, mais sans localité.

Carex glauca. Scop......... — Marais de la Besse (Creuse), entre Sauviat et Bourganeuf (Lamy, Assises scientifiques de Limoges, 1867, p. 131). — La Besse est située dans la commune de Saint-Pierre-Chérignat.

III. — Plantes déjà connues comme rares ou très-rares : nouvelles localités.

Clematis vitalba. L.... ..... — Dun, sur la route de Crozant (de Cessac) ; Châtelus-Malvaleix, Saint-Dizier-les-Domaines (Dr Bussière) ; Chéniers, prés le pont ! Lourdoueix-Saint-Pierre, au pont de Chambon !

Ranunculus auricomus. L... — Bois vis-à-vis la Nouzière près le Pont-à-la-Dauge, (abbé Neyra);

bords de la Tarde, entre Saint-
Marien et Sainte-Radegonde (Pérard, 1886).

La partie du bois de la Nouzière
où croissait le *R. auricomus* a été
défrichée ; j'en ai trouvé un seul
pied, le 19 avril 1882, près d'un
mur au milieu des champs qui ont
remplacé le bois ; je ne l'ai plus
revu depuis. La station est sans
doute détruite. J'ai placé dans
plusieurs bois des environs du
Pont-à-la-Dauge les jeunes pieds
issus de cette plante ; j'ignore s'ils
ont prospéré.

Helleborus fœtidus. L. .... — Châtelus , Saint - Dizier - les - Do-
maines (Bussière) ; Felletin — à
la Sagne ! — (Polier) ; Aubusson
(Bozon) ; Sainte-Feyre-la-Monta-
gne (de Cessac) ; Lourdoueix-St-
Pierre, au pont de Chambon ! le
Bourg-d'Hem, entre le bourg et
les Fougères ! et à Combrand !
entre Linard et Malval !

Nasturtium pyrenaicum. Br. — Bourganeuf (Lamy) ; Anzême (de
Cessac) ; Glénic (!) ; Ajain (abbé
Neyra) ; Chambon, bord de la
Tarde (Pérard, 1886).

Turritis glabra. L. .... — Bois de Guéret (Pailloux) ; les
Salles, commune de Sainte-Feyre,
10 juin 1881 ! Chambon, rochers
granitiques (Pérard, 1886).

Dentaria pinnata. Lam ...... — Vallon du ruisseau de Beauze et
rive gauche de la Creuse, au bois
de Sainte-Madeleine, près Aubus-

son (Pailloux) ; bords de la Tarde près Saint-Marien, ac. (Pérard, 1886).

Lepidium Smithii. Hooker.... — Ahun, Chamberaud (Pailloux) ; Pionnat, Ajain (Neyra) ; c. vallée de la Creuse, depuis Ahun jusqu'à Anzême ! vallée de la Petite Creuse, à Lourdoueix-St-Pierre et Nouzerolle ! Chambon - sur - Voueize (Pérard, 1886.)

Biscutella granitica. Bor.... — (Suppl. inédit ; Pérard, Catalogue p. 61.) — Saint-Marien, bord du Cher au-dessus du moulin du Bief, ac. (Pérard, 1886).

C'est *B. mollis*, Boreau, Fl. du Centre, éd. 3, non Loisel. ; voir *Bulletin de la Société Botanique de France*, XXVI, p. 353.

Reseda luteola. L........... — Guéret à Champdonné ! Bénévent, Gouzon, etc., etc. (de Cessac) ; Chéniers, près le pont !

Dianthus Seguieri, Bor. (Fl. du Cent. éd. 3e. *D. Boræi*, Pérard, Matériaux, 1886.) — Chamberaud, Ahun, Clugnat, Royère, Valliéres (Pailloux) ; bateau du Mas au-dessous de Saint-Marien, bords de la Tarde, entre Chambon et Evaux (Pérard 1884-1886).

« C'est une forme bien distincte du *Dianthus silvaticus*, Hoppe ; et M. Lamotte a eu tort de le donner comme une variété » (Pérard).

Stellaria nemorum. L........ — Bois de la Villate (Pailloux) ; bois du Palais près Bouganeuf (Lamy) ;

forêt de Chabrières, route du Masforeau et allée conduisant à la Pierre-Chabranle, cc. à droite de la même route en suivant le sentier qui conduit au Bois-Chapitre, 8 juin 1885 !

Cerastium aquaticum. L... . — Guéret (Monnet et Dugenest) ; Bétête (Neyra) ; forêt de Parnac, près Chambon-Ste-Croix ! Chambon-sur-Voueize (Pérard, 1886).

Radiola liuoïdes. Gm... .. — cc., surtout dans les sillons humides, après la moisson.

Tilia parvifolia. Ehrh...... — Evaux (Pailloux) ; bois de Brugnat (de Cessac) ; Pont-à-la-Dauge ! Budelière-Chambon, Saint-Marien, bords du Cher depuis le bateau du Mas jusqu'au dessous du Breuil (Pérard, 1886).

Hypericum hirsutum. L...... — Clugnat (Pailloux) ; bois de Brugnat ! (de Cessac) ; Saint-Fiel à Valette ! c. vallée de la Petite-Creuse, à Chéniers, Lourdoueix-St-Pierre, Chambon-Sainte-Croix et Nouzerolle ! bords de la Tarde entre Evaux et Chambon, bateau du Mas, bords du Cher et de la Tarde (Pérard, 1884-1886).

Oxalis corniculata. L........ — Ahun, Chambon, coteaux de la Voueize (Pailloux) ; la Serre (de Cessac) ; la Brodière ! Lourdoueix-St-Pierre ! Linard, à Bois-Ferrut ! Lourdoueix-St-Michel, au Plaix-Jollyet !

Impatiens noli-tangere. L.... — Guéret (forêt de Chabrières, du côté de Badant !), Chénérailles, Grand-Bourg, Châtelus, Pont-à-la-Dauge, etc., etc. (de Cessac); le Busseau-d'Ahun ! Linard, à Bois-ferrut !

Genista purgans. L......... — « C. dans la vallée de la Creuse, au-dessus du Pont-à-la-Dauge, et dans celle du ruisseau de Mauque (!) principalement sur la rive droite; nous n'en n'avons pas vu ailleurs » (de Cessac); Glénic (!) (Fillioux); Anzême ! Crozant !

Lotus diffusus. Soland....... — Commun.

Partout où j'ai herborisé, j'ai trouvé abondamment cette plante, notée comme rare par M. de Cessac.

Astragalus glycyphyllos. L.... — Pont-à-la-Dauge (!), Glénic, Pion-nat (Nayra); Ajain, près le Pont-Alibaud ! Saint-Marien, bords de la Tarde (Pérard, 1886).

Lathyrus hirsutus. L....... — Saint-Dizier-les-Domaines (Bus-sière); Evaux (Pérard, 1886).

Prunus fruticans. Weihe..... — Grand-Bourg, à Lafaye (de Ces-sac); Chambon-sur-Voueize (Pé-rard, 1884).

Rubus scaber. W. et N....... — Ahun, Mareilles (Pailloux); Bru-gnat (de Cessac. in Genevier, *Mo-nographie des Rubus*, 1869, p. 94).

Potentilla verna. L......... — C. à Aubusson, Felletin, Glénic (!) (de Cessac); Villecorbeix, com-mune de Sainte-Feyre ! j'ai trouvé cette plante sur les pelouses de la grande Creuse, partout où j'ai herborisé.

Pyrus salvifolia. DC........ —« Fréquemment cultivé dans les haies,très rare spontané,Chardeix, près Saint-Vaury » (de Cessac); commun entre Bussière et Chambon (Pérard).

« Bois des environs d'Ahun, Chamberaud, Guéret, R. — Cultivé dans presque tout le département » (Pailloux, in Lamotte).

Sorbus aria. Crantz........, — « Commun dans la Haute-Creuse, la Courtine, Gentioux, Royère, Poussanges, Clairavaux, Féniers, la Nouaille, etc. Nous ne l'avons jamais vu dans la Basse-Creuse » (de Cessac); Saint-Marien, dans le bois au-dessus de la Tarde (Pérard, 1886).

Epilobium angustifolium. L.. — Chamberaud (Pailloux); les Ribières près Jouillat (Dr Bussière); entrée de la gare de Vieilleville (côté de Limoges (!), Saint-Hilaire-la-Plaine, le Busseau-d'Ahun, Chanon (de Cessac, *in litt.*).

OEnothera biennis. L........ — Ça-et-là, bords de la Creuse (Pailloux); le Mouchetard, Grand-Bourg, à l'Age (de Cessac); le Pont-à-la-Dauge! Glénic! le Busseau-d'Ahun! le Maupuy près Moubut, 6 septembre 1890!

Lythrum hyssopifolia. L...... — Clugnat (Pailloux); Nouzerolle, dans le village, près la maison d'école, 15 août 1886!

Sedum thyrsoïdeum. Bor.. . — (Monographie du groupe *Telephium*, in Mém. Soc. Acad. Maine-et-Loire, tome 20ᵉ, p. 21 ; *S. confertum Bor.* Fl. du Centre, édit. 3ᵉ p. 253, non Delil. *S. confertum* du catal. de M. de Cessac). — St-Sulpice-le-Guérétois (de Cessac); Courtille, 15 août 1879 ! vallée de Trenloup, environs de Lavaveix-les-Mines (Pérard, 1886).

« J'ai décrit cette plante, dit Boreau, sur des individus vivants envoyés par M. de Cessac du département de la Creuse, Saint-Sulpice-le-Guérétois,.. Depuis, j'en ai reçu de l'Indre, du Cher, de Maine-et-Loire » (Bor. Mém. Acad. M.-et-Loire, p. 121). A l'école de botanique du Muséum, cette espèce est cultivée (8 juillet 1891); elle est indiquée comme originaire de la Creuse.

fabaria. Kock........ — Boreau (Monographie, p. 120). — Gartempe, Fursac (de Cessac); Saint-Marien, vallée de Trenloup, entre Lavaveix et Aubusson (Pérard 1886).

D'après Boreau, cette espèce se distingue par des fleurs plus petites, en corymbe serré, et supportées par des pédicelles presque filiformes.

Le *Sedum purpurascens* Kock., — Ahun, Chamberaud (Pailloux) — est appelé par Boreau, dans la monographie du groupe Telephium, *Sedum affine* (p. 120).

acre. L.............. — Glénic (!), etc. (de Cessac) ;
Guéret, près l'hôpital !, faubourg
de la Grave ! et boulevard du
Chêne-Vert ! Bonnat, juillet 1884!
Anzême, en allant au pavillon
Desry, 11 juin 1885 ! Mortroux,
juin 1887 !

Sempervivum arachnoïdeum. L. — Quai de Vaveix à Aubusson !
(de Cessac) ; rocher juste au con-
fluent de la Tarde et du Cher, à
Saint-Marien (Creuse) ; l'épaisseur
seule du Cher sépare les deux
départements de la Creuse et de
l'Allier (comte de Lambertye, in
Bulletin de la Société de l'Allier,
tome X*, 1866-1867, p. 10) ; rochers
de Glénic (!), mai 1884 (Malterre).

Umbilicus pendulinus. DC..... — C. vallée de la Creuse ! (et vallées
latérales !) et vallée de la Petite
Creuse (!), rare ailleurs, Naillac,
Fursac, Lourdoueix (!), etc. (de
Cessac).

Saxifraga tridactylites. L.... — Guéret (ac. !) ; Chénérailles, etc.
(de Cessac) ; Bourganeuf, avril
1881 ! Felletin !

Chrysosplenium alternifolium. L. — Bords de la Felletine, près Aubusson (Pailloux) ; Grand-Bourg, à
la Ribe (de Cessac) ; Forêt de Chabrières, ruisseau du Sanglier, 22
avril 1879 ! Sables humides, bois
de hêtres, rive gauche du Cher au
moulin Rameau (Creuse), à 8 kilomètres de l'Allier (de Lambertye,
Bulletin Société Emul. de l'Allier
1866-67, p. 39).

Sambucus racemosa. L........ — Ahun, Chamberaud (Pailloux); rive gauche du Cher (Creuse), dans les rochers granitiques, à 2 kilomètres de Chambonchard, dont une partie du village appartient au département de l'Allier (de Lambertye, *loc. citat.* p. 40); bois de Guéret (c !); Saint-Vaury, Faux, à Thézillat, Châtelus-le-Marcheix (de Cessac); Trenloup, près Alleyrat !

Viburnrm lantana. L....... — Vallée de la Creuse, aux environs de Saint-Fiel, Glénic (!), Pont-à-la-Dauge (!), Ajain (!) (de Cessac); la Nouzière ! et Changon, près Guéret !

Asperula odorata. L......... — « C. surtout dans la haute Creuse » (de Cessac) ; Rout de La Souterraine, près le Mouchetard ! Forêt de Chabrières, près de Badant, sur la route !

Eupatorium cannabinum. L.. — Bois de Guéret (!), Pont-à-la-Dauge (!), Saint-Germain, la Celle-Dunoise, Fresseline, etc. (de Cessac); Pont-Alibaud, près Saint-Laurent ! Moulin du Guast, commune de Lourdoueix-Saint-Pierre ! Pont de Chambon-Sainte-Croix ! Moulin d'Aubepierre, près Méasnes ! etc.

Artemisia absinthium. L..... — Rochers au-dessous du château de Boussac !

M. de Cessac l'indiquait déjà dans cette localité, mais avec doute.

Arnica montana. L. . . . . — « C. surtout dans la haute Creuse, Aubusson, Gentioux, la Courtine, Saint-Victor, Saint-Léger-le-Guérétois (!), le Masaudoueix, près la Brionne », etc. (de Cessac); Guéret, près de Fayolle !

Cette plante est, au contraire, extrêmement rare dans la basse Creuse. « Sa station habituelle est de 1000 à 1800 mètres d'altitude, cependant il descend parfois jusque dans le fond des vallées. Dans le Cantal, il croît près d'Aurillac, à 600 mètres d'altitude. » (Lamot. Prodr).

Doronicum austriacum. Jacq. . — « CC. dans la haute Creuse, et çà-et-là dans la basse Creuse (de Cessac).

Cette espèce est rare dans la basse Creuse, et je ne crois pas qu'elle passe sur la rive droite de la Creuse : Pont-à-la-Dauge ! Bois de Fayolle, près Guéret ! Valette, près St-Fiel ! Forêt de Chabrières ! le Busseau-d'Ahun ! — « Descend le long du Cher *(sic)* jusqu'à Ahun et Aubusson » (Lamot. Prod.)

Senecio viscosus. L. . . . . — Gouzon, Lussat, Aubusson, Crocq, Chénérailles, Vieilleville, etc. (de Cessac) ; environs d'Ajain (abbé Neyra) ; Pont-Alibaud, près Saint-Laurent, 4 août 1887 !

erraticus. Bert. . . . . — Gouzon, bords de la Voueize, bords de la Petite-Creuse, à Lourdoueix (!), Nouzerolle (!), Fresselines (!) (de Cessac) ; Chéniers !

Chambon - Sainte-Croix ! Crozant, dans un îlot de la Sédelle, 26 août 1890 !

Silybum marianum. Gœrtn... — Anzême (Pailloux) ; Glénic (!) (P. Fillioux), Grand-Bourg, à Sallagnac (de Cessac) ; Chambon-sur-Voueize (Lamotte in Prodr. voir par. I ci-dessus).

Cichorium intybus. L....... — Cette plante devient commune, elle se répand d'année en année.

Taraxacum palustre. DC...... — « R. » (de Cessac) : le Masaudoueix, près La Brionne, 20 mai 1879 !

Hieracium virgultorum. Jord. — Bois aux environs d'Ahun (Pailloux, in Lam., déterminé par M. Arvet Touvet) ; Fursac (de Cessac).

Andryala integrifolia. L..... — Chambon (Fl. Cent.) ; au-dessous du Pont-à-la-Dauge, rive droite de la Creuse (!), Grand-Bourg (de Cessac) ; Saint-Vaury (Déséglise) ; Saint-Marien (Pérard 1886).

N. B. — J'ai signalé en 1885 l'erreur d'impression qui a fait disparaître du catalogue de M. l'abbé de Cessac le *Cirsium eriophorum*, très commun chez nous. Dans *le Limousin*, publié en 1889, M. Ch. Le Gendre écrit : « le *Cirsium eriophorum*, répandu partout malgré ses tendances calcicoles, peut-on admettre qu'il n'ait point pénétré dans la Creuse ? » Je crois donc utile de rectifier de nouveau cette erreur.

Lobelia urens. L .... — Fossés de la route entre Genouillat et la Châtre (Pailloux, in La-
mot.) ; Saint-Dizier-les-Domaines
(Neyra) ; Nouzerolles (de Cessac) ;
cc. à la Brodière et en plusieurs
autres endroits, commune de Lourdoueix-Saint-Pierre ! à la Mersolle, communes de Lourdoueix
et de Chéniers ! Méasnes ! c.
dans cette région.

Phyteuma spicatum. L. ...... — Çà-et-là ; Saint-Vaury, Anzême, la
Rochette, Gartempe, la Courtine,
etc. (de Cessac) ; forêt de Chabrières, près le marais de Lapeyras !
Bois de Valette, près Saint-Fiel !
c. près le pont de Chambon-Sainte-
Croix ! Lourdoueix-Saint-Pierre,
c. le long du ruisseau d'Aigude,
près de Châtellux !

Campanula trachelium. L. .... — Guéret, Grand-Bourg, etc. (de
Cessac) ; Forêt de Chabrières, sur
la route de Badant ! Lourdoueix-
Saint-Pierre, bois au-dessous de
Lignaux !

rapunculus. L. ...... — AR. Dun, Crozant, Grand-Bourg,
Chamborand, Saint-Germain (de
Cessac) ; Saint-Dizier-les-Domai-
nes (Dr Bussière) ; cc. Lourdoueix-
Saint-Pierre ! Nouzerolles ! Cham-
bon-Ste-Croix ! commence à la
Mersolle, sur la route de Guéret à
Aigurande ! Evaux, Chambon,
Gouzon, sur les terrains sablon-
neux (Pailloux in Lamot.).

Vaccinium myrtillus. L...... — cc. dans la haute Creuse, çà et là dans la basse Creuse (de Cessac) ; R. forêt de Chabrières, près la Gasne-des-Bains ! Puy de Chabannes, près de Dun ! les Trois-Cornes de Saint-Vaury ! Aubusson ! Bois de Fayolle, près la route de Saint-Léger !

Hypopitys multiflora. Scop.... — Chamberaud (Pailloux) ; les Châtres, près Guéret (Laroche) ; taillis de Neuville, près Ajain, 1889 (abbé Bertrand).

Ligustrum vulgare. L....... — R. St-Martial-le-Mont, Pont-à-la-Dauge (!), etc. (de Cessac) : Lourdoueix-Saint-Pierre, au Point-du-Jour ! la Celle-Dunoise, à Lonsaigne ! ac. à Nouzerolle ! et à Chéniers !

Lysimachia nummularia. L... — Châtelus-Malvaleix (docteur Bussière) ; Etang des Landes ! Lignaux, commune de Lourdoueix ! Nouzerolles !

Vincetoxicum officinale. L.... — R. rive gauche de la Creuse, au-dessous de Glénic (!) (de Cessac) ; Saint-Laurent, près le Pont-à-l'Evêque ! (Neyra) ; Aubusson, (Janin) ; Chambon [sur Voueize] (abbé Lascaud) ; Lourdoueix-Saint-Pierre, rochers sur les bords de la Petite-Creuse, au-dessous de Lignaux ! Chambon-Ste-Croix !

Microcala filiformis. Link.... — Çà et là, Maupuy, près Guéret, Grand-Bourg, Chardeix, près St-Vaury, Ceyroux, etc, (de Cessac),

Chamberaud (Pailloux, in Lamot).
Je crois que cette plante est commune, mais que par son exiguité elle échappe aux recherches ; je l'ai trouvée partout où j'ai herborisé : Villameilla, près Saint-Laurent ! Charsat, près Guérol ! cc. à Lourdoueix-St-Pierre ! Méasnes ! et Nouzerolle !

Gentiana campestris. L...... — Chamberaud, Ahun, montagnes à gauche de la Creuse (Pailloux) ; Fongoux, près St-Oradoux-de-Chirouze, etc. ; Saint-Georges-Nigremont (de Cessac) ; Vallière (Bouteillé) ; Ajain, pacage près du chemin de Neuville, 1889 (abbé Bertrand).

Pulmonaria tuberosa. Schrank. — Ahun, Pognat (Pailloux) ; Grand-Bourg, au Masgelier (de Cessac) ; Saint-Marien, Chambon (Pérard).

Solanum Dillenii. Schult. ... — RR. Ahun à Vollegevieille (?) (Pailloux in Lamot.).

« Forme remarquable par sa haute taille et la grande dimension de ses feuilles presque entières qui ont quelque ressemblance avec celles de la belladone. » (Lamot. prod. p. 543).

Hyosciamus niger. L........ — R. Felletin, Glénic (!), Grand-Bourg, à la Ribe, Crozant, la Chapelle-Baloüe, etc. (de Cessac) ; Saint-Marien, près le moulin du Bief (Pérard, 1886).

Verbascum Schiedeanum, Koch. — (V. nigro-Lychnitis), Condat,

Ahun (Pailloux, in Lamot); « Chambon, bords de la Voueize, et beaucoup d'autres localités (de Cessac).

« Il est moins commun cependant que le *V. nigrum*. Une charmante variété, à la Tour-St-Austrille, a les fleurs d'un blanc pur, avec la gorge et les étamines violettes. » (de Cessac, in Cat. ms).

album. Mill........ — Guéret, Aubusson, Glénic, Grand-Bourg, etc. (de Cessac); Saint-Marien, au bateau du Mas (Pérard, 1886).

« Diffère, par ses bractées plus allongées, du *V. lychnitis*, dont il n'est peut-être qu'une variété » (de Cessac).

Anarrhinum bellidifolium. L. — AC. pelouses sèches de la vallée de la Creuse ; bords de la Creuse, bords de la Voueize et de la Petite-Creuse (de Cessac), ruisseau de Mauque !

Digitalis purpurascens. Roth. — Trenloup, près Alleyrat (de la Seiglière) ; environs de Pionnat (Neyra) ; Chambon-sur-Voueize (abbé Lascaud) ; se maintient toujours au Pont-Alibaud (abbé Bertrand).

lutea. L........... — RR. Aubusson, Chambon, Clugnat (Fl. Cent.) ; Châtelus, St-Dizier-les-Domaines (Dr Bussière) ; Pionnat (Neyra) ; Ajain, au Pont-Alibaud, Valette, près Saint-Fiel ! Lourdoueix-Saint-Pierre, sur la route d'Aigurande au Pont de Chambon ! ibid., bords de la Petite-Creuse, près Villechiron ! ibid. cc. vallée de la Petite-Creuse au-dessous de Lignaux ! Chéniers !

Veronica intermedia. Lej..... — Maupuy, près Guéret (de Cessac); Budelière, coteau entre la gare et le Châtelet (Pérard).

Mentha arvensis. L......... — Grand-Bourg, Fursac, etc. (de Cessac); étang de Cherpont, près Sainte-Feyre (8 août 1879 !).

* *Mentha parietariæfolia. Beck.* — Grand-Bourg (de Cessac); Ahun (Pailloux, in Lamot.).

« Feuilles rhomboïdales elliptiques ou lancéolées, en coin et longuement rétrécies à la base, pédicelles glabres. La plante d'Ahun est glabrescente avec les étamines dépassant de beaucoup la corolle, cette sous-variété est le *M. badensis* Gmel. *M. fontana* Weihe. » Cfr. Malvd. M. exsiccat. nº 93, et Mat. p. 35 (Lamot. in Prodr.).

Origanum vulgare. L........ — RR. Rive droite de la Creuse au Pont-à-la-Dauge (!) et de la Petite-Creuse à Nouzerolle (!) (de Cessac); Ajain, au Pont-Alibaud ! vallée de la Petite-Creuse, depuis le pont de Chéniers ! jusqu'à Nouzerolles, surtout aux environs du pont de Chambon ! et de Lignaux !

* *Glechoma hirsuta. W. et K.* — Puy de Chamberaud (Pailloux, in Lamot.).

C'est sans doute la v. *villosum* du Cat. de Cessac.

Leonurus Cardiaca. L....... — R. Maison-Neuve, près la Cellette (Bussière) ; Grand-Bonrg, à Lâge, Saint-Sulpice-le-Guérétois, à Chamilloux, la Brionne, la Chapelle-Balouë, etc. (de Cessac) ; Lourdoueix-Saint-Pierre, au Mérin ! et à Montmartin ! Fresselines !

Brunella alba. Pallas....... — RR. « Pelouse sèche sur la rive droite du ruisseau de Mauque près Glénic » (de Cessac) ; Lourdoueix-Saint-Pierre, à la Brodière ! cc. coteaux de la Petite-Creuse, depuis Chéniers, à Lourdoueix-St-Pierre, à Villechiron et Lignaux ! Chambon-Sainte-Croix ! jusqu'à Nouzerolle !

Ajuga genevensis. L......... — « AR. Ajain, Saint-Médard, » etc. (de Cessac) ; c. vallée de la Creuse du Pont-Alibaud à Valette (St-Fiel) ! Ajain, à Villechenine ! Rive droite du ruisseau de Mauque ! Bateau du Mas, bois de Saint-Marien, bords de la Tarde (Pérard, 1886).

Polygonum bistorta. L....... — AR., vallée de la Creuse : Felletin, Moutier - d'Ahun, Pont - à-la-Dauge (!), Saint-Fiel (!), la Courtine (de Cessac) ; Saint-Laurent, au Pont-Alibaud ! le Busseau-d'Ahun, etc., et cc. rives de la Creuse.

Euphorbia dulcis. L......... — RR. St-Fiel, à Valette (!), Pont-à-la-Dauge (!) (de Cessac), Lourdoueix-Saint-Pierre, à Aigude ! et Villechiron ! Chambon-Ste-Croix, près le Pont ! bateau du Mas sur la Tarde (Pérard, 1886).

hyberna. L........ — AR. Guéret (!), Chamberaud (Pailloux) ; Aubusson , Grand-Bourg au Masgelier, Saint-Vaury (de Cessac); bois de Parsac, près la gare ! forêt de Montpeget ! (Indre) près le département de la Creuse.

Mercurialis perennis. L... .. — R. Saint-Silvain-Montaigut (de Cessac) ; Châtelus [Malvaleix] (Dr Bussière); Pionnat, le Pont-à-la-Dauge (Neyra) ; la Ribière près Guéret ! Brugnat près le Pont-à-la-Dauge ! Saint-Fiel, à Croze, près la Creuse ! Forêt de Chabrières, sur la route de Badant ! Bois de la Madeleine, près Aubusson ! Lourdoueix-St-Pierre, à Villechiron ! Chambon-Ste-Croix, près le pont ! Châteauvieux, près de Pionnat (!) (abbé Bertrand).

Scilla autumnalis. L........ — Pont de Glénic (près de la croix !) (P. Fillioux); Anzème (de Cessac, in mss); très abondant sur les coteaux de la rive droite de la Creuse, entre le Pont-à-la-Dauge et Glénic (août 1883) ! et sur les coteaux des vallées perpendiculaires à la Creuse ! en particulier sur la rive droite du ruisseau de Mauques ! entre les Fougères et le Bourg-d'Hem, 4 septembre 1890 !

lilio-hyacinthus. L.. — AR. Guéret (!), Aubusson (!) Felletin (!), Saint-Vaury (aux Trois-

Cornes !), Pionnat, etc. (de Cessac) ; Pont-à-la-Dauge ! St-Fiel, à Croze ! et à Valette ! la Villatte-Ste-Marie, commune de Pionnat ! St-Marien, rive droite de la Tarde (Pérard 1886).

Ornithogalum angustifolium. Por. — Feuyas (!) et les Chezeaux (!) près Pionnat (Neyra) ; la Nouzière près Guéret (Faivre) ; Chénérailles, entre le Trésorier et l'étang de Malleret (de Cessac, in mss) ; la Vallette, près Ste-Feyre ! Magnat, près Jarnages ! Guéret, à Courtille !

Ruscus aculeatus. L......... — R. Terrains schisteux de la Creuse : Dun, Fresseline, Saint-Germain, Villard (de Cessac) ; Genouillat, Moutier-Malcard, Jalesches, Bétête (Bussière) ; La Celle-Dunoise, à Lonsaigne ! Lourdoueix-Saint-Pierre, à Lignaux ! à Piodon ! à Aigude ! au Virly ! Méasnes, au Chezeau-Limouzin ! à Laugère ! etc. ; cc. entre Linard et Malval !

Spiranthes autumnalis. Rich. — Genouillat (Neyra) ; Saint-Sulpice-le-Guérétois, au Mouchetard et à la Betoulle (de Cessac) ; Lourdoueix-Saint-Michel (Indre), au Plaix-Jolyet ! Lourdoueix-Saint-Pierre, au Berniguet ! et au moulin de Crachepot (abbé Brunet).

Epipactis latifolia. Allioni... — R. Mouchetard, Saint-Sulpice-le-Guérétois (!), Saint-Fiel (!), etc. (de

Cessac); Brugnat, près le Pont-à-
la-Dauge ! Lourdoueix-St-Pierre,
sur les bords de la Petite-Creuse !
et à la Brodière !

Neottia ovata. R. Br. . . . . . . — AC. Chénérailles, Glénic, Grand-
Bourg, Saint-Silvain-Montaigut,
Mouchetard, etc. (de Cessac);
Bois de Brugnat, près le Pont-à-
la-Dauge ! Saint - Fiel, à Croze,
et à Valette ! Le Pont-Alibaud,
près Ajain ! Guéret ! Anzème, à
Chignaroche ! Chambon - Sainte -
Croix, près le Pont, et une autre
localité.

Serapias lingua. L. . . . . — RR. Pelouse sèche sur les bords
du ruisseau de Mauque, près Glé-
nic (Pinot); entre Villechabus et la
route de Guéret. commune d'A-
jain, 1882 (abbé Bertrand).

Orchis ustulata. L. . . . . — Le Mouchetard, etc. (de Cessac);
Breuil, près Guéret !

coriophora. L. . . . . — AR. Ahun, Pionnat (Pailloux);
Ajain (Pinot, Neyra); Saint-Lau-
rent, au Pont-Alibaud ! (Neyra);
Mouchetard, etc. (de Cessac);
Lourdoueix-Saint-Pierre, à Ville-
chiron !

bifolia. L. . . . . — AC. sur les coteaux des bords
de la Creuse (de Cessac); Saint-
Fiel, bois de pins près Valette ! près
Croze ! c c. et très abondant dans
la région de Lourdoueix-Saint-
Pierre ! jusqu'à Aigurande ! et de

R. F.

7

Nouzerolles ! les Pierres-Jaumathres (Pérard, 1886).

conopsea. L..... ... — Le Rondeau, près Ajain (abbé
Neyra) ; Lourdoueix-St-Pierre, au
pont de Chambon !

Juncus lampocarpus. Ehrhr.. — Ça et là (de Cessac) ; près les
Pierres-Jaumathres (Pérard).

tenageia. L......... — Chamberaud (Pailloux) ; Grand-
Bourg, Saint-Vaury (Désétang) ;
Fayolle, près Guéret ! Maupuy,
près Guéret ! Lourdoueix-Saint-
Pierre, dans la brande de Li-
gnaud !

Luzula Forsteri. DC........ — Guéret, Mouchetard, Bénévent,
etc. (de Cessac) ; Bernages, près
Saint-Vaury ! bois de St-Marien
(Pérard).

Eleocharis multicaulis. Dietr.. — Guéret, Ajain (Fl. du Cent.) ; étang
d'Ajain (Fillioux) ; brandes tour-
beuses près Lavaud-Franche (Pérard).

Scirpus fluitans. L......... — Aubusson, Ahun, Chamberaud
(Pailloux) ; étang de Cherpont,
près Sainte-Feyre ! près les Pierres-Jaumathres (Pérard).

Carex acuta. L.·.......... — Sainte-Feyre, bords de la Creuse,
au-dessous de Villecorbeix, 18 mai
1881 ! Saint-Fiel, à Croze, 8 mai
1881 ! entre Glénic et Anzême !

remota. L......... — Bois de Guéret, Valette, près St-
Fiel (!), Grand-Bourg, au Masge-
lier (de Cessac) ; ruisseau d'Aigude !

pallescens. L....... — Mouchetard , etc. (de Cessac) ; Pont-à-la-Dauge, sur la vieille route ! St-Fiel, à l'ètang de Valette ! Saint-Laurent, près le moulin de Villandry !

Osmunda regalis. L.... ..... — AR. Clugnat (Pailloux) ; Guéret (à Fayolle !), Grand-Bourg, Châtelus - le - Marcheix, Fursac, Chambon-Ste - Croix (!), etc. (de Cessac) ; cc. bords de la Petite-Creuse, commune de Lourdoueix-Saint-Pierre ! et de Chambon-Ste-Croix ! Chambon, bords de la Voueize, Lavaveix, bords de la Creuse (Pérard).

Celerach officinarum. Wild.. — AR. Chamberaud (Pailloux) ; Guéret (murs du boulevard Saint-Pardoux ! du boulevard Simonneau ! etc.), Glénic, sur les rochers (!), Grand-Bourg, au Masgelier (de Cessac) ; St-Vaury, sur le talus d'un chemin près la fontaine de Saint-Valéric ! Lourdoueix-St-Pierre, sur les rochers de la route près le pont de Chambon ! Fresselines, sur l'église !

* *Aspidium angulare. Kit....* — R. Basse-Creuse : Anzème, Brugnat, près le Pont-à-la-Dauge (de Cessac) ; Saint-Marien, bords du Cher et de la Tarde (Pérard, 1886).

Voici ce que pense de cette espèce un botaniste éminent : « *Aspidium aculeatum*, forme *angulare*, Kit ; cette forme n'est pas une variété, attendu que par la culture on peut obtenir du même plant des frondes typiques ou intermédiaires. » (Monographie des Cryptogames vasculaires d'Europe, par Robert du Buysson, II, Moulins, 1890, p. 30).

Cystopteris fragilis. Bernh... — Chamberaud, Pionnat, Saint-Martial-le-Mont (Pailloux) ; Evaux (H. Gay) ; Saint-Marien, au moulin du Bief (Pérard, 1886).

Asplenium Halleri. DC....... — Tigoulet, près Saint-Yrieix-les-Bois, Lubeix, près Saint-Sulpice-les-Champs (Pailloux) ; Budelière, bords de la Tarde près le Châtelet (Pérard).

' var. *fontanum. DC*.... — Pinnules souvent indivises. Lavaveix-les-Mines, bords de la Creuse (Pérard, 1886).

Breynii. Retz..... — Rochers au-dessus du pont de Chambon-Sainte-Croix, au milieu de touffes d'*A. septentrionale*, juillet 1884 ! Nouzerolles, au Puy-Balière ! Chambon [sur Voueize], Saint-Marien (Pérard, 1886).

« Quelques botanistes ont cru voir dans l'*A. Breynii* un hybride de l'*A. septentrionale* et de l'*A. trichomanes*, chose difficile à admettre, car les spores de l'*A. Breynii* sont généralement bonnes et reproduisent la même espèce. » Du Buysson, *loc. cit.* p. 49.

Espèces exclues

Afin d'empêcher quelques erreurs de se propager plus longtemps, voici les noms de plusieurs plantes faussement attribuées à la Creuse.

Fumaria parviflora. Lamk... — Guéret (Fl. Cent. éd. 2e, sans aucun doute d'après Pailloux). — La présence à Guéret de cette espèce qui affectionne les sols calcaires et arides m'avait toujours paru suspecte ; personne d'ailleurs ne l'a retrouvée dans la localité indiquée. Le Prodrome de Lamotte nous fait connaître que c'est à Montluçon que Pailloux avait récolté ses échantillons.

Cardamine amara. L.... ... — Personne ne l'a jamais vu dans la Creuse, pas même le dᶜ Pailloux, qui l'indique.

Trifolium spadiceum. L..... — Indiqué par le docteur Pailloux à Chambon ; n'y a jamais été trouvé, d'après le Dᶜ Pailloux lui-même, qui avait été induit en erreur par son correspondant.

Geranium pratense. L...... — Le Dᶜ Pailloux, qui l'indique, a reconnu lui-même que les échantillons recueillis par lui appartiennent au *G. silvaticum*.

Petasites leucantha. T de Ces. — N'est pas une espèce ni même une variété.

Veronica triphyllos. L....... — Indiqué dans le *Supplément au Catalogue du docteur Pailloux* ; c'est une forme à feuilles fortement découpées du très vulgaire *Veronica*

> *hederæfolia*, envoyée sous le nom
> de *triphyllos* par un correspondant
> de Châtelus-Malvaleix.

Paris, le 15 juillet 1891.

GABRIEL **MARTIN**.

ERRATA

Page 15, ligne 29, *au lieu de* : sur un des deux autres point, *lire* : sur un ou deux autres points.

P. 24, l. 13. *après ces mots* : la bourdaine, *ajouter* : le framboisier, l'obier.

P. 41, l. 23, *après ces mots* : Dun-le-Palleteau, *ajouter* : le Puy-de-Chabannes appartient aussi à la chaîne précédente, qui accompagne depuis Pigerolles la rive gauche de la Creuse. Ce sommet domine au loin le cours de la rivière et les plaines du Berry ; c'est, de ce côté, la sentinelle avancée des Monts de la **Marche**, lesquels précèdent eux-mêmes les pics du massif central.

P. 46, l. 28, *après le mot* : silvatica, *ajouter* : Rubus idœus (le framboisier).

P. 62, l. 16, *au lieu de* : des châtaigniers, *lire* : du châtaignier.

P. 64, l. 9, et dans la note (1), l. 1, *au lieu de* : Arbellot, *lire* : A. Lecler.

G. M.

LA FLORE DE LA CREUSE

(*Suite*)

Quelques herborisations, malheureusement trop rares, faites pendant le mois d'août 1891, me permettent d'ajouter plusieurs observations à celles rapportées dans le *Bulletin* de l'année dernière .

D'autre part, on a bien voulu me signaler certaines omissions dans la partie historique de mon travail sur la *Flore de la Creuse :* je m'empresse de les publier.

I

Une seule espèce nouvelle à annoncer :

Cirsium acaule. L..... — Coteau de Malval, parmi les ruines, 26 août 1891 ! — Cette espèce est généralement considérée comme indifférente au point de vue chimique ; pour les disciples de Thurmann, elle est un peu xérophile : sa présence à Malval est conforme à la théorie physique.

— 2 —

Les espèces suivantes sont connues depuis plus ou moins long-temps dans le département ; mais elles y sont rares ou même très rares. J'indique seulement les localités découvertes depuis l'an dernier.

Clematis Vitalba. L... — Rive droite de la Creuse, entre la Celle et le Pont-d'Enfer, au droit du village du Couret, 17 août 1891 ! bois au-dessous de Chastellux, sur la rive gauche du ruisseau, commune de Lourdoueix-Saint-Pierre, 21 août 1891 ! La découverte de ces nouvelles localités ajoutées à celles déjà connues, permet de considérer la clématite comme assez commune dans le bassin de la Petite-Creuse et aux environs de Dun.

Reseda luteola. L.... — A ajouter : Chambon-Sainte-Croix, août 1891 ! Mortroux, 25 août 1891 !

Helianthemum guttatum. D. C. — Le Chezeau-Limousin, commune de Méasnes, 8 août 1891 ! Cette espèce que j'ai découverte pour la première fois en juillet 1884, près le Bourliat, commune de Lourdoueix-Saint-Pierre, ne semble pas très rare dans cette partie du département ; je l'ai trouvée aussi, le 1er août 1887, entre Aigurande et les Bouchards (Indre), tout près de la limite du département de la Creuse.

Spergella subulata. Swartz. — Le Gast, commune de Méasnes, sur le chemin d'Aigurande à Montchevrier, 23 août 1891 ! Cette espèce, que j'ai découverte pour la première fois à Fresselines, le 26 août 1890, se retrouvera bien certainement ailleurs.

Sedum thyrsoïdeum. Bor. (Mém. Soc. Acad. Maine-et-Loire, Tome 20e, Angers, 1866, p. 120) *S. confertum* Bor. (Flor. Cent. Ed. 3, t. II, p. 253, non Delil.). Boreau a décrit cette plante sur des individus envoyés vivants de St-Sulpice-le-Guérétois par M. l'abbé de Cessac. L'épithète *confertum* qui caractérise très bien ce *Sedum* à feuilles et à fleurs très rapprochées, ayant été appliquée par Delile à un *Sedum* d'Egypte, Boreau a proposé plus tard de l'appeler *thyrsoïdeum*, mais c'est bien la même plante que le *confertum* de la Flore du Centre. — Saint-Sulpice-le-Guérétois (de Cessac); Courtille, 15 août 1879! vallée de Trenloup, environs de Lavaveix-les-Mines (Pérard 1886); Aubepierre, commune de Méasnes, 8 août 1891! le Pont-d'Enfer, commune de La Celle-Dunoise, 17 août 1891!

Sedum grandidentatum. Bor. p. 124. — Feuilles fortes, épaisses, à très grandes dents, étalées; rameaux espacés dans la moitié supérieure de la tige, portant des fascicules compactes, mais ne se réunissant au sommet ni en corymbe, ni en thyrse, fleurs plus foncées que le précédent. Août, lieux frais des terrains siliceux. —

— V —

St-Sulpice-le-Guérétois (de Cessac); le Pont-d'Enfer, 17 août 1891 !
Je reproduis ici — l'ouvrage étant
difficile à se procurer — la description que Boreau donne de cette
espèce :

« S. grandidentatum Dor. *Anacamp-
seros arguta* Haw ? Tige de 4-5 décimètres, dressée un peu flexueuse ;
feuilles un peu étalées, obovales
lancéolées obtuses, les supérieures
subaiguës, toutes fortement atté-
nuées à la base et comme pétiolées,
bordées dans leur partie supérieure
de dents ouvertes, inégales, très
prononcées ; rameaux floraux axil-
laires, espacés le long de la tige,
fastigiés, portant des fascicules
denses, rapprochés au sommet de
la tige ; boutons ovoïdes subaigus,
pétales lancéolés rouges, bordés
d'une ligne blanchâtre ; carpelles à
bec subulé assez long. Août. Lieux
frais des terrains siliceux. Creuse :
Saint-Sulpice-le-Guérétois (de Cessac). — Loir-et-Cher, Salbris
(Déséglise). — Les feuilles comme
pétiolées et fortement dentées
caractérisent cette espèce. »

Sedum................ — (Species ?). — Tige et feuilles pour-
pre-foncé, parfois vertes ; feuilles
à grandes dents, dressées, sessiles ;
fleurs rouges en corymbe, tous les
rameaux montant à la même hauteur, quoique les uns partent de
bas.

La vue des formes très diverses

— 5 —

que j'ai trouvées réunies dans le bois en amont du Pont-d'Enfer, sur la rive droite de la Creuse, selon que la plante était à l'ombre ou au soleil, dans la terre humide ou dans les rochers, entière ou de rejet, me faisait songer à ces paroles de M. Franchet (1) :

« La disposition des cymes chez les *Sedum* varie aussi beaucoup, tantôt elles forment par leur réunion une large panicule corymbiforme, tantôt un thyrse plus ou moins allongé et compacte ; les dispositions diverses donnent à la plante un aspect assez différent, sans que d'ailleurs elles se trouvent subordonnées à d'autres caractères. M. Boreau a tenté pourtant d'élever toutes ces formes au rang d'espèces ».

Eryngium campestre. L. — Confluent du ruisseau de Puy-Manteau et de la Creuse, et près du moulin de Lavaud, commune de la Celle-Dunoise, 17 août 1891 ! M. Pailloux a découvert cette espèce à Ahun. M. l'abbé de Cessac : à Chambon, sur les bords de la Voueize ; à l'étang des Landes, près Lussat ; sur les bords de la Petite-Creuse près Nouzerolles. ~~Mais c'est la première fois qu'elle est trouvée dans le bassin de la grande Creuse.~~

Viburnum Lantana. L. — A ajouter : commun aux environs

(1) Franchet, *Flore de Loir-et-Cher*, Blois, 1885, p. 201.

de la Brousse, près la Celle-
Dunoise, 17 août 1891 !

Eupatorium cannabinum. L. — A ajouter : en amont du
Pont-d'Enfer, sur la rive droite de
la Creuse, 17 août 1891 !

Inula dysenterica. L.. — La Brousse, près la Celle, 17 août
1891 ! Trouvée déjà à Châtelus-
Malvaleix par le docteur Bussière,
à Chambon-Sainte-Croix, par M.
l'abbé de Cessac ; mais c'est la première fois qu'elle est signalée dans
le bassin de la grande Creuse.

Senecio viscosus. L... — A ajouter : Bessoles, commune de
Lourdoueix-Saint-Pierre, 22 août
1891 !

Andryala integrifolia. L. — A ajouter : la Brousse, près la
Celle, 17 août 1891 !

Campanula Trachelium. L. — A ajouter : bois à gauche
du ruisseau, au-dessous de Chas-
tellux, commune de Lourdoueix-
St-Pierre, 21 août 1891 !

Ligustrum vulgare. L. — A ajouter : le Bourg-d'Hem, 4
septembre 1890 !

Vincetoxicum officinale. L. — Rive droite de la Creuse, en
amont du Pont-d'Enfer, deux sta-
tions (17 août 1891) ! Les stations
de cette plante, si attachée au calcaire, sont très intéressantes à
noter dans notre région ; cette localité est la septième connue jusqu'à présent.

Euphorbia dulcis. L.. — A ajouter : dans le bois près le
Pont-d'Enfer, rive droite, et à la

— ✗ —

	Brousse, près la Celle-Dunoise, 17 août 1891 !
Ruscus aculeatus. L…	— A ajouter : commun entre le Pont-d'Enfer et la Celle-Dunoise, rive droite de la Creuse, 17 août 1891 !
Spiranthes æstivalis. L.	— M. l'abbé Bertrand, qui a découvert cette espèce à Ajain en juillet 1889, l'a retrouvée l'an dernier à Champaville, commune de Méasnes ; je l'avais vue non loin de là, quelques jours auparavant, le 8 août 1891, dans un communal mouillé, près de Lignaux, commune de Lourdoueix-Saint-Pierre !
Carex remota. L……	— Rive gauche du ruisseau, au-dessous de Chastellux, commune de Lourdoueix-Saint-Pierre, 21 août 1891 ! Boisferrut, commune de Linard, sur les bords de la source ferrugineuse, 26 août 1891 !

II

En ce qui concerne les omissions et les erreurs qui se trouvent dans le travail publié l'année dernière, voici ce qu'on a bien voulu me signaler.

Avec un grand nombre d'observations extrêmement intéressantes qui trouveront plus tard leur place dans une étude d'ensemble sur l'époque de la floraison des différentes espèces dans le département de la Creuse, M. Monnet, le zélé conservateur du musée de Guéret, m'a adressé quelques rectifications que je me fais un devoir de publier dès aujourd'hui.

La première rectification vise un détail relatif à M. Alexandre Pérard ; ce botaniste est mort, non pas à Moulins, comme je l'ai dit, mais « à Montluçon, chez ses sœurs qui tenaient une pension de jeunes filles, et il y donnait des leçons. » Sur le même sujet, M. Ernest Olivier, directeur de la *Revue scientifique du Bourbonnais*, m'a fait savoir que « Alexandre Pérard est bien mort le 15 juin 1887, mais à Montluçon et non à Moulins : cette rectification, ajoutait-t-il, a une importance au point de vue de la biographie locale. »

En parlant des débuts de la *Société des sciences naturelles et archéologiques de la Creuse*, j'ai dit que cette Société possédait en 1838 deux herbiers assez importants. M. Monnet m'écrit : « en 1838, la Société ne possédait qu'un seul herbier, celui de M. Roudaire, ce n'est qu'en 1855 que j'ai donné le mien au Musée. » Mon erreur est pardonnable, car j'ai pris cette indication dans le compte rendu publié par la Société en 1838 : « Pour la botanique, nous avons réuni dans *deux herbiers*, disent les auteurs du compte rendu, une assez grande quantité de plantes de la France et du département (1). » Cependant, la remarque de M. Monnet n'est pas inutile, car elle me permet de combler une lacune regrettable. Quoique je connusse fort bien, depuis longtemps, pour l'avoir consulté souvent, l'herbier généreusement offert au musée de Guéret par M. Monnet, j'ai négligé de le mentionner l'an dernier : je saisis avec plaisir l'occasion qui m'est offerte de réparer une omission bien involontaire.

En ce qui concerne la priorité de certaines découvertes attribuées par moi à plusieurs botanistes, voici les rectifications que me propose M. Monnet.

Ce n'est pas M. Roudaire qui a trouvé le *Chrysanthemum segetum* à l'Age, près Guéret — où il existe encore, malgré la culture, dans le jardin à droite de l'ancienne route — mais c'est M. Monnet lui-même qui l'a découvert et signalé à M. Roudaire. L'échantillon en très bon état qui se trouve au Musée, dans l'herbier de M. Monnet, porte une étiquette écrite de la main de ce dernier, avec la date « Juin 1852. » — C'est M. Victor Bozon qui a signalé en outre *Pyrola minor*, *Erythronium dens canis* dans les bois de la Lune, et *Lilium Martagon*, dans ceux de la Madeleine, près d'Aubusson.

(1) *Mémoires de la Société des sciences naturelles et archéologiques de la Creuse*, tome 1er, page 10 (Compte rendu de 1838, Guéret, Dugenest, 1838).

La découverte de l'*Hyssopus officinalis* au pied et sur les murs des tours de Crocq appartient à M. le Dr Chaussat. — M. Monnet indique avec précision une localité de *Lycopodium Chamœcyparissus*. « En septembre 1885, en montant la côte où se joignent les routes de Magnat et du Mas-d'Artige sur la route de la Courtine, le Dr Chaussat vit dans le fossé un brin de *Lycopodium clavatum* et, en cherchant d'où il pouvait provenir, il a trouvé le *Chamœcyparissus*, et à cent mètres plus loin je trouvai le *clavatum* ; c'est dans l'angle que forme la route de la Courtine et du Mas-d'Artige que se trouvent les deux lycopodes. » L'indication est précieuse à noter, mais il n'est pas possible, comme semble le croire M. Monnet, que ce soit là la première découverte de cette rare espèce par M. le Dr Chaussat, car je l'avais reçue de lui environ un an auparavant, et je l'ai publiée le 1er février 1885.

Comme localités intéressantes, M. Monnet signale encore : *Gentiana campestris*, sur le tumulus de la Tour-Saint-Austrille ; *Scilla autumnalis*, très commun près le viaduc sur la Tarde ; *Spiranthes autumnalis* trouvé par le Dr Chaussat à Lavaveix et près Cressat ; *Gnaphalium dioïcum* trouvé par le même sur la côte du Marchedieu à Aubusson ; *Specularia Speculum* rencontré par M. Monnet sur le bord d'un fossé à côté du *Scandix pecten Veneris*, route de Moulins, en haut de la côte de Pomeret, près la Ribière.

M. Monnet m'a soumis plusieurs autres observations. Au sujet de *Fumaria media*, il me renvoie à la note publiée par lui dans le deuxième volume des *Mémoires de la Société*, p. 103, laquelle est ainsi conçue : « Au point de vue de la flore générale du centre, M. Boreau donne comme rare *Fumaria media* ; elle est très commune aux environs de Guéret, où on trouve au contraire rarement *F. officinalis* ». Cette note, que je connaissais, ne m'a pas empêché de signaler, comme une découverte, la présence de *Fumaria media* (Loisel et non al.) au Grand-Bourg. La synonymie des espèces de ce genre a été modifiée depuis l'époque déjà ancienne où écrivait M. Monnet, et le *Fumaria media* dont il parle est sans doute la forme à fleurs pâles et petites du *Fumaria officinalis*, forme qui est en effet commune aux environs de Guéret, mais dont Boreau lui-même a refusé de faire une espèce. Je reconnais cependant bien volontiers que nos *Fumaria* devraient être soumis à une révision sévère.

En ce qui concerne le *Tilia parvifolia*, qui est « à Guéret, derrière la maison du jardinier de l'hospice à Grancher », mais sans doute cultivé, je me verrais dans l'obligation de ne pas inscrire cette indication, parce que je n'ai voulu citer que les stations où cet arbre se trouve à l'état spontané ; si j'avais voulu citer tous les endroits où il est cultivé, j'aurais pu nommer un grand nombre de localités. Même remarque pour *Pyrus salvifolia*, indiqué à la Gorse près Guéret, et à la côte d'Ajain, sur la route de Moulins.

M. Monnet termine sa lettre, datée du 5 avril 1892, par une remarque intéressante : « il y a plus de trente ans, dit-il, que je n'avais vu la végétation aussi avancée que cette année. »

Aux observations qui m'ont été transmises, j'ai à ajouter la rectification de deux erreurs.

Par une distraction étrange, j'ai omis de signaler le hêtre parmi les essences composant les petits bouquets de bois qui s'étagent sur les flancs de nos collines : tout le monde aura réparé cette omission.

Une erreur plus grave s'est glissée dans l'appréciation de l'influence que le climat exerce sur la végétation : ce n'est pas 17 jours de différence qu'il y a dans l'époque de la feuillaison du chêne entre Guéret et Limoges, mais bien 8 jours seulement, le chêne se feuillant, année commune, le 22 avril à Limoges et le 30 avril à Guéret. Cette différence de 8 ou 9 jours se retrouve, d'ailleurs — d'après M. Paul Garrigou-Lagrange — dans la feuillaison du lilas, du marronnier, du bouleau et dans la moisson du seigle et du blé d'hiver.

En terminant, je tiens à remercier MM. Monnet et Ernest Olivier des observations qu'ils ont bien voulu me transmettre. C'est seulement par le concours de tous qu'il est possible d'arriver à des résultats satisfaisants en ce qui concerne l'histoire naturelle locale ; en particulier, celui qui entreprend un travail sur la géographie botanique d'une région ne saurait avoir trop de reconnaissance pour les chercheurs qui veulent bien lui communiquer leurs observations et leurs remarques.

Paris, le 17 mai 1892.

GABRIEL MARTIN.

www.ingramcontent.com/pod-product-compliance
Lightning Source LLC
LaVergne TN
LVHW021727170726
843503LV00004B/1451